| 北京市工会干部教育培训教材 |

劳模精神、劳动精神、工匠精神
内涵意义与时代价值

北京市工会干部学院 ◎ 编著

电子工业出版社
Publishing House of Electronics Industry
北京·BEIJING

未经许可，不得以任何方式复制或抄袭本书之部分或全部内容。
版权所有，侵权必究。

图书在版编目（CIP）数据

劳模精神、劳动精神、工匠精神：内涵意义与时代价值 / 北京市工会干部学院编著. —— 北京：电子工业出版社，2023.10
ISBN 978-7-121-45033-4

Ⅰ. ①劳… Ⅱ. ①北… Ⅲ. ①职业道德－研究－中国 Ⅳ. ① B822.9

中国国家版本馆 CIP 数据核字（2023）第 024953 号

责任编辑：张振宇
印　　刷：三河市君旺印务有限公司
装　　订：三河市君旺印务有限公司
出版发行：电子工业出版社
　　　　　北京市海淀区万寿路 173 信箱　　邮编：100036
开　　本：720×1000　1/16　　印张：14.25　　字数：164 千字
版　　次：2023 年 10 月第 1 版
印　　次：2023 年 10 月第 1 次印刷
定　　价：78.00 元

凡所购买电子工业出版社图书有缺损问题，请向购买书店调换。若书店售缺，请与本社发行部联系，联系及邮购电话：（010）88254888，88258888。
质量投诉请发邮件至 zlts@phei.com.cn，盗版侵权举报请发邮件至 dbqq@phei.com.cn。
本书咨询联系方式：（010）88254618，influence@phei.com.cn，微信号：yingxianglibook。

序言 PREFACE

劳模精神、劳动精神、工匠精神

    人民创造历史，劳动成就梦想。党的十八大以来，以习近平同志为核心的党中央始终关心劳模和劳模工作，礼赞劳动创造，讴歌劳模精神、劳动精神、工匠精神。党的十九大报告明确提出，弘扬劳模精神和工匠精神，营造劳动光荣的社会风尚和精益求精的敬业风气。党的二十大报告提出，在全社会弘扬劳动精神、奋斗精神、奉献精神、创造精神、勤俭节约精神，培育时代新风新貌。2020年11月24日，习近平总书记在全国劳动模范和先进工作者表彰大会上发表重要讲话，全面深入系统地阐述了劳模精神、劳动精神、工匠精神的科学内涵：在长期实践中，我们培育形成了爱岗敬业、争创一流、艰苦奋斗、勇于创新、淡泊名利、甘于奉献的劳模精神，崇尚劳动、热爱劳动、辛勤劳动、诚实劳动的劳动精神，执着专注、精益求精、一丝不苟、追求卓越的工匠精神。习近平总书记的重要论述，丰富和深化了我们党对劳动、劳动者和劳动价值的认识，对大力弘扬劳模精神、劳动精神、工匠精神具有重大意义。

    劳模精神、劳动精神、工匠精神是中国共产党人精神谱系的重要组成部分，在新时代新征程上展现出巨大引领价值。弘扬劳模精神、劳动精神、工匠精神是时代的需要，更是时代的召唤。对于广大人民群众来说，就是要引导大家树立辛勤劳动、诚实劳动、创造性劳动的理念；就是要树立先进榜样、发挥劳模和工匠的示范引领作用，向身边的劳模和工匠学习；就是要让劳动最光荣、劳动最崇高、劳动最伟大、劳动最美丽蔚然成风。对于工会工作者来说，就是要将时代赋予的职责扛在肩上，坚决扛实新时代工会建设的政治责任，深入学习贯彻好习近平总书记关于工人阶级和工会工作的一系列重要论述，准确把握习近平总书记重要讲话的现实意义、丰富内涵和精神实质，进一步用于武装头脑、指导实践、推动工作，这是我们义不容辞的政治责任和使命担当。

北京市工会干部学院与新中国同龄，是一所有着深厚文化积淀的综合性成人高等院校，素有"北京工会干部摇篮"和"首都职工大学校"的美誉。2022年9月，北京市首家"首都工匠学院"落户于此。作为培养工会干部的大学校，要走在学习宣传劳模精神、劳动精神、工匠精神的前列，要走在践行劳模精神、劳动精神、工匠精神的前列，充分发挥其对广大干部职工的思想引领、立德树人的积极作用，推动劳模精神、劳动精神、工匠精神进校园、进课堂、进企业、进车间、进班组，弘扬劳模精神、培育劳动情怀、发扬工匠精神，为社会培养更多的高素质劳动者，为营造尊崇劳模、崇尚劳动、敬慕工匠的良好风气作出积极贡献。为此，北京市工会干部学院开发编写了《劳模精神、劳动精神、工匠精神》专项教材，作为"十四五"时期北京市工会干部教育培训"1+N"系列教材之一，目的就是使广大干部职工能够深刻学习理解劳模精神、劳动精神、工匠精神的历史背景、主要内容和时代意蕴，引导职工群众自觉把人生理想、家庭幸福融入国家富强、民族复兴的伟业之中，争做新时代的奋斗者，通过劳动创造更加美好的生活。在教材编写过程中，编者们采访了许多劳模和工匠，发现他们是触手可及的，他们就来自我们身边平凡的工作岗位；他们是可敬可佩的，他们取得的惊天伟业都源于对本职工作的热爱和专注；他们是可亲可近的，他们平凡的话语蕴含着普通的道理，指引着每一位劳动者走上光荣幸福的劳动之路。

劳模精神、劳动精神、工匠精神是工会特色思政教育的重要内容，《劳模精神、劳动精神、工匠精神》教材的出版，为工会思政教育提供了有效的支撑。本书由六部分组成：第一章总论，重点介绍弘扬劳模精神、劳动精神、工匠精神的时代价值和重大意义以及习近平总书记关于劳模精神、劳动精神、工匠精神的重要论述；第二章劳模精神，介绍了劳模精神的时代变迁、历史地位、基本内涵以及如何弘扬劳模精神；第三章劳动精神，介绍了劳动精神的深刻内涵、劳动精神生成的历史因素和主要内容、弘扬和践行劳动精神的主要途径；第四章工匠精神，介绍了国外和我国历史上的工匠精神、工匠精神的主要内容和价值意蕴以及弘扬和践行工匠精神的主要方式；第五章劳模精神、劳动精神、工匠精神与工会工作，主要从工会角度出发，介绍如何做好劳模工作、开展劳动和技能竞赛、推进产业工人队伍建设；第六章北京市弘扬劳模精神、劳动精神、工匠精神的探索与实践，主要介绍北京市在提高职工群众技术技能素质、团结引领首都职工建功立业新时代的具体实践做法。总体来说，本书具有以下三个方面的特点：第一，系统性。全书系统展示了劳模精神、劳动精神、工匠精神的形成背景、历史意义、内涵要义、主要内容以及践行途径，尤其还系统梳理了习近平总书记关于劳模精神、劳动精神、工匠精神的重要论述，以向读者全面系统、细致清晰地解读劳模精神、劳动精神、工匠精神。第二，实践性。本书从实践角度出发论述了如何将劳模精神、劳动精神、工匠精神贯穿于工会工作，具有较强的启发性。同时还详细介绍了北京市在践行劳模精神、劳动精神、工匠精神的具体经验做法，为广大工会干部开展具体工作提供了一定的借鉴。第三，趣味性。全书配以延伸阅读、劳动箴言、劳模事迹、匠人匠语、古今中外的工匠故事，能够增加读者的兴趣，通过阅读这些劳模工匠事迹和趣味故事加深对劳模精神、劳动精神、工匠精神的理解。

本书各章作者分工如下：第一章张孝梅、何珺子；第二章何珺子；第三章王宏伟、何珺子；第四章何珺子；第五章何珺子；第六章范韶华、何珺子。全书由何珺子起草写作框架、负责主持编写并进行统稿审核工作。

编者

2023 年 4 月于北京

目录 CONTENTS

劳模精神、劳动精神、工匠精神

001 第一章 总 论

第一节 弘扬劳模精神、劳动精神、工匠精神的时代价值和重大意义 ………… 005
一、继承和发扬民族精神和时代精神的需要 ………… 006
二、弘扬社会主义核心价值观的需要 ………… 007
三、实现中华民族伟大复兴中国梦的需要 ………… 010
四、建设高素质劳动者大军的需要 ………… 012

第二节 习近平总书记关于劳模精神、劳动精神、工匠精神的重要论述 ………… 013
一、习近平总书记对弘扬劳模精神、劳动精神、工匠精神的重要指示批示 ………… 014
二、深入基层提出弘扬劳模精神、劳动精神、工匠精神的明确要求 ………… 018

第三节 重要会议和文件对弘扬劳模精神、劳动精神、工匠精神的相关要求 ………… 021
一、尊重劳动、尊重知识、尊重人才、尊重创造的党和国家重大方针 ………… 021

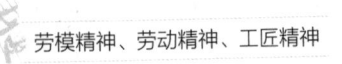

二、贯彻培养德智体美劳全面发展的社会主义建设者和
　　接班人的教育方针⋯⋯⋯⋯⋯⋯⋯⋯⋯⋯⋯⋯⋯⋯⋯ 022

三、弘扬劳模精神和工匠精神，造就一支素质优良的
　　知识型、技能型、创新型劳动者大军⋯⋯⋯⋯⋯⋯⋯ 024

027 第二章
劳模精神——中华民族伟大精神的集中体现

第一节　劳模精神的时代变迁⋯⋯⋯⋯⋯⋯⋯⋯⋯⋯⋯⋯⋯ 029
　　一、中华人民共和国成立前的劳模精神⋯⋯⋯⋯⋯⋯⋯ 030
　　二、20世纪50至70年代的劳模精神⋯⋯⋯⋯⋯⋯⋯⋯ 031
　　三、20世纪80年代至21世纪初的劳模精神⋯⋯⋯⋯⋯ 034
　　四、新时代的劳模精神⋯⋯⋯⋯⋯⋯⋯⋯⋯⋯⋯⋯⋯ 036

第二节　劳模精神的历史地位⋯⋯⋯⋯⋯⋯⋯⋯⋯⋯⋯⋯⋯ 038
　　一、劳模精神是中国共产党人智慧的结晶⋯⋯⋯⋯⋯⋯ 038
　　二、劳模精神是中国特色社会主义劳动文化的生动体现⋯ 042
　　三、劳模精神是中国工人阶级伟大品格的真实写照⋯⋯⋯ 043

第三节　劳模精神的基本内涵⋯⋯⋯⋯⋯⋯⋯⋯⋯⋯⋯⋯⋯ 045
　　一、爱岗敬业⋯⋯⋯⋯⋯⋯⋯⋯⋯⋯⋯⋯⋯⋯⋯⋯⋯ 045
　　二、争创一流⋯⋯⋯⋯⋯⋯⋯⋯⋯⋯⋯⋯⋯⋯⋯⋯⋯ 052
　　三、艰苦奋斗⋯⋯⋯⋯⋯⋯⋯⋯⋯⋯⋯⋯⋯⋯⋯⋯⋯ 058
　　四、勇于创新⋯⋯⋯⋯⋯⋯⋯⋯⋯⋯⋯⋯⋯⋯⋯⋯⋯ 064
　　五、淡泊名利⋯⋯⋯⋯⋯⋯⋯⋯⋯⋯⋯⋯⋯⋯⋯⋯⋯ 069
　　六、甘于奉献⋯⋯⋯⋯⋯⋯⋯⋯⋯⋯⋯⋯⋯⋯⋯⋯⋯ 075

第四节　如何弘扬劳模精神⋯⋯⋯⋯⋯⋯⋯⋯⋯⋯⋯⋯⋯⋯ 081
　　一、大力宣传劳动模范的先进事迹⋯⋯⋯⋯⋯⋯⋯⋯⋯ 081

二、加强劳模服务关心工作……………………………… 083
　　三、积极搭建劳模发挥作用平台…………………………… 084

087 第三章
劳动精神——推动社会发展进步的根本动力

第一节　劳动精神的深刻内涵…………………………………… 089
　　一、劳动是推动历史进步的根本力量……………………… 089
　　二、劳动者是社会物质财富和精神财富的创造者………… 091
　　三、劳动精神是对广大劳动者劳动实践的高度肯定与
　　　　科学总结…………………………………………………… 094
第二节　劳动精神生成的历史因素……………………………… 096
　　一、马克思主义劳动观是劳动精神的理论基础…………… 096
　　二、中华民族的勤劳传统文化是劳动精神的文化基础…… 097
　　三、党领导下的人民群众的劳动活动是劳动精神的
　　　　实践基础…………………………………………………… 098
第三节　劳动精神的主要内容…………………………………… 101
　　一、崇尚劳动………………………………………………… 101
　　二、热爱劳动………………………………………………… 103
　　三、辛勤劳动………………………………………………… 105
　　四、诚实劳动………………………………………………… 107
第四节　弘扬和践行劳动精神的主要途径……………………… 109
　　一、尊重劳动者社会主体地位……………………………… 110
　　二、让劳动创造助力中国梦………………………………… 111
　　三、维护劳动者的合法权益………………………………… 111
　　四、营造良好的劳动风尚…………………………………… 112

第四章 117
工匠精神——高素质劳动者的执着追求

第一节 工匠精神的历史变迁 120
　　一、国外的工匠精神 120
　　二、古代中国的工匠精神 129

第二节 工匠精神的主要内容 137
　　一、执着专注 137
　　二、精益求精 139
　　三、一丝不苟 141
　　四、追求卓越 143

第三节 工匠精神的价值意蕴 145
　　一、工匠精神在国家层面的价值意蕴 145
　　二、工匠精神在社会层面的价值意蕴 147
　　三、工匠精神在个人层面的价值意蕴 149

第四节 如何弘扬和践行工匠精神 150
　　一、强化职业培训，夯实产生工匠精神的人才基础 150
　　二、健全政策措施，形成培育工匠精神的保障机制 151
　　三、强化价值激励，营造尊崇工匠精神的社会文化 152

第五章 155
劳模精神、劳动精神、工匠精神与工会工作

第一节 让劳模精神、劳动精神、工匠精神蔚然成风 157
　　一、构筑弘扬劳模精神实践培育体系 158
　　二、加强新时代劳动观教育 159
　　三、强化工匠精神的价值认同 160

第二节	切实做好劳模工作…………………………………………	161
	一、做好劳模工作的重大意义…………………………………	162
	二、劳模的评选和表彰工作……………………………………	164
	三、劳模的管理和服务工作……………………………………	170
	四、坚持党对劳模工作的领导…………………………………	174
第三节	组织开展劳动和技能竞赛…………………………………	175
	一、劳动和技能竞赛的基本原则………………………………	176
	二、劳动和技能竞赛的主要任务………………………………	177
	三、劳动和技能竞赛的保障措施………………………………	180
第四节	积极推进产业工人队伍建设改革…………………………	181
	一、产业工人队伍建设改革面临的形势和任务………………	182
	二、推动产业工人队伍建设改革向纵深发展…………………	184

189 第六章
北京市弘扬劳模精神、劳动精神、工匠精神的探索与实践

第一节	唱响劳动光荣主旋律………………………………………	191
	一、加强思想政治引领…………………………………………	192
	二、讲好劳模故事、工匠故事、职工故事……………………	193
	三、建设弘扬劳模精神、劳动精神、工匠精神的新阵地…	194
第二节	搭建技能人才成长大舞台…………………………………	195
	一、开展工匠人物培育选树活动………………………………	195
	二、打造职工创新工作室品牌项目……………………………	196
	三、开展市级示范性技能和劳动竞赛…………………………	197
	四、深化助推服务项目建设……………………………………	202
第三节	展示劳动模范新风采………………………………………	205
	一、做好劳模先进人物的推荐评选工作………………………	206

二、弘扬劳模精神，向全社会展示劳模形象……………… 206

三、多方协调资源，关心关爱劳模………………………… 208

四、加强劳模日常服务管理工作…………………………… 209

第四节 团结引领首都职工建功立业新时代……………… 210

一、深入学习贯彻习近平总书记重要讲话精神，
切实增强责任感使命感紧迫感………………………… 211

二、大力弘扬劳模精神、劳动精神、工匠精神，
凝聚起推动首都新发展的强大精神力量……………… 211

三、充分发挥工人阶级和劳动群众主力军作用，
汇聚起全面建成社会主义现代化强国、实现第
二个百年奋斗目标的创造伟力………………………… 212

四、努力建设高素质劳动大军，培养造就更多"北京
大工匠"………………………………………………… 213

五、实现好、维护好、发展好劳动者合法权益，让劳动者
得实惠、享荣光………………………………………… 214

第一章

总　论

第一章 | 总 论

2022年10月，中国共产党第二十次全国代表大会在北京召开。这是在全党全国各族人民迈上全面建设社会主义现代化国家新征程、向第二个百年奋斗目标进军的关键时刻召开的一次十分重要的大会。大会的主题是：高举中国特色社会主义伟大旗帜，全面贯彻新时代社会主义思想，弘扬伟大建党精神，自信自强、守正创新，踔厉奋发、勇毅前行，为全面建设社会主义现代化国家、全面推进中华民族伟大复兴而团结奋斗。大会报告指出，新时代新征程中国共产党的使命任务是：团结带领全国各族人民全面建成社会主义现代化强国、实现第二个百年奋斗目标，以中国式现代化全面推进中华民族伟大复兴。这是我们党团结带领全国各族人民夺取中国特色社会主义新胜利的政治宣言和行动纲领，我们必须认真学习、深刻领悟、筑牢思想、奋力前行。

以中国式现代化全面推进中华民族伟大复兴，离不开中国工人阶级和广大劳动群众的巨大推动力。长期以来，在中国共产党的领导下，我国工人阶级和广大劳动群众奏响了"咱们工人有力量"的主旋律，特别是在进入新时代的伟大征程上，在中国革命和建设事业中，为决胜全面建成小康社会、决战脱贫攻坚发挥了主力军作用。劳模精神、劳动精神、工匠精神，是广大劳动群众在从事社会生产的长期劳动实践中锤炼形成的，是工人阶级和广大劳动群众弥足珍贵的精神财富。劳模精神、劳动精神、工匠精神孕育于革命战争年代，形成于社会主义革命和建设时期，发展于改革开放时期，光大于新时代，是中国共产党人精神谱系的重要内容。2020年11月24日，党中央、国务院在人民大会堂隆重召开了全国劳动模范和先进工作者表彰大会，习近平总书记发表了重要讲话，充分肯定了我国工人阶级和广大劳动群众为建设中国特色社会主义伟大事业作出的巨大贡献，高度评价了劳动模范和先进工作者的崇高精神，强调要大力弘扬劳模精神、劳动精神、工匠精神，充分发挥工人阶级和广大劳动群众主力军作用，努力建设高素质劳动大军，切实实现好、维护好、发展好劳动者合法权益。

习近平总书记指出："在长期实践中，我们培育形成了爱岗敬业、争创一流、艰苦奋斗、勇于创新、淡泊名利、甘于奉献的劳模精神，崇尚劳动、热爱劳动、辛勤劳动、诚实劳动的劳动精神，执着专注、精益求精、一丝不苟、追求卓越的工匠精神。"劳模精神、劳动精神、工匠精神是以爱国主义为核心的民族精神和以改革创新为核心的时代精神的生动体现。大力弘扬劳模精神、劳动精神、工匠精神，对于鼓舞和激励全党全国各族人民在决胜全面建成小康社会、决战脱贫攻坚取得决定性成就的基础上，乘风破浪，开拓进取，为全面建设社会主义现代化国家、实现第二个百年奋斗目标而继续奋斗，具有重大意义[1]。

---

[1]《大力弘扬劳模精神劳动精神工匠精神——论学习贯彻习近平总书记在全国劳动模范和先进工作者表彰大会上重要讲话》，《人民日报》，2020年11月27日。

第一节　弘扬劳模精神、劳动精神、工匠精神的时代价值和重大意义

2021年是中国共产党成立100周年。习近平总书记强调，一百年来，中国共产党弘扬伟大建党精神，在长期奋斗中构建起中国共产党人的精神谱系，锤炼出鲜明的政治品格。在中华人民共和国成立72周年之际，党中央批准了中央宣传部梳理的第一批纳入中国共产党人精神谱系的伟大精神，包括：建党精神；井冈山精神、苏区精神、长征精神、遵义会议精神、延安精神、抗战精神、红岩精神、西柏坡精神、照金精神、东北抗联精神、南泥湾精神、太行精神（吕梁精神）、大别山精神、沂蒙精神、老区精神、张思德精神；抗美援朝精神、"两弹一星"精神、雷锋精神、焦裕禄精神、大庆精神（铁人精神）、红旗渠精神、北大荒精神、塞罕坝精神、"两路"精神、老西藏精神（孔繁森精神）、西迁精神、王杰精神；改革开放精神、特区精神、抗洪精神、抗击"非典"精神、抗震救灾精神、载人航天精神、劳模精神（劳动精神、工匠精神）、青藏铁路精神、女排精神；脱贫攻坚精神、抗疫精神、"三牛"精神、科学家精神、企业家精神、探月精神、新时代北斗精神、丝路精神。这些精神，集中彰显了中华民族和中国人民长期以来形成的伟大创造精神、伟大奋斗精神、伟大团结精神、伟大梦想精神，彰显了一代又一代中国共产党人"为有牺牲多壮志，敢教日月换新天"的奋斗精神。

劳模精神、劳动精神、工匠精神成为中国共产党人的精神谱系的重要内容，是历史发展的必然，也是时代发展的需要。

一、继承和发扬民族精神和时代精神的需要

国家的富强、社会的进步、民族的振兴，不仅要靠生产力的发展和物质财富的创造，也要靠民族精神的引领。劳模精神是民族精神发挥作用的先进文化标杆，并以民族精神和民族文化为价值依托，体现了民族精神的核心要素。广大劳动模范无私奉献的精神信仰在于其对国家、对中华民族的热爱，而他们的爱岗敬业、艰苦奋斗则展现了中华民族的勤劳勇敢和自强不息精神。劳动模范始终是我国工人阶级中一个闪光的群体，是中华民族精神的具体体现，是坚持中国道路、弘扬中国精神、凝聚中国力量的楷模。劳动模范以高度的主人翁责任感、卓越的劳动创造、忘我的拼搏奉献，为全国各族人民树立了学习的榜样。习近平总书记指出："中国人民在长期奋斗中培育、继承、发展起来的伟大民族精神，为中国发展和人类文明进步提供了强大精神动力。中国人民是具有伟大创造精神、伟大奋斗精神、伟大团结精神、伟大梦想精神的人民。"[1]中华人民共和国成立以来，劳模精神在不同时期的内涵虽有不同，但"创造""奋斗""团结""梦想"的精神基因贯穿始终。不仅如此，改革开放以来，劳模精神在弘扬中华民族精神的同时催生着社会进步的新力量，对引领并重构社会价值体系，确立新的社会运行模式起着不可替代的作用。

劳模精神既体现着以爱国主义为核心的民族精神，又不断丰富发展着以改革创新为核心的时代精神。从烽火连天的战争年代、

---

[1]《伟大民族精神是我们前进的根本力量》，《人民日报》，2018年3月23日。

满腔热血的建设岁月,到气势磅礴的改革开放新时期、昂扬奋进的新时代,劳模精神始终是中华民族从站起来、富起来到强起来伟大飞跃的强大精神力量。陕甘宁边区时期,广大劳动群众翻身得解放,以"新劳动者"的姿态积极投身支援前线、发展生产运动,不断创造出更高更新的工作标准,劳模身上集中体现了蕴藏在劳动人民中的极大劳动热情和创造潜力。中华人民共和国成立和恢复国民经济时期,全国各族人民为战胜各种困难努力奋斗,劳模身上突出体现了自力更生、艰苦创业、不怕牺牲、团结奋斗的特点。社会主义建设时期,劳模身上主要体现了立足岗位、艰苦奋斗、增产节约、无私奉献的特点。改革开放新时期,随着科学技术的快速发展,知识型、技能型职工逐渐成为工人阶级的杰出代表,劳模身上体现出与时俱进、勇攀高峰、开拓进取、争创一流的特点,反映了时代的要求。进入中国特色社会主义新时代,劳模身上充分展现了品格高尚、创新创造、刻苦钻研、追求卓越的时代特质,示范引领亿万劳动群众紧扣工人运动时代主题,只争朝夕,不负韶华,勇担光荣使命,争创一流业绩。

二、弘扬社会主义核心价值观的需要

社会主义核心价值观,承载着一个民族的精神追求,反映着一个国家的思想道德取向,体现着一个社会的价值追求。社会主义核心价值观是社会主义核心价值体系的内核,体现社会主义核心价值体系的根本性质和基本特征,反映社会主义核心价值体系的丰富内涵和实践要求,是社会主义核心价值体系的高度凝练和集中表达。2013年12月，中共中央办公厅印发《关于培育和践行社会主义核心价值观的意见》指出，富强、民主、文明、和谐是国家层面的价值目标，自由、平等、公正、法治是社会层面的价值取向，爱国、敬业、诚信、友善是公民个人层面的价值准则，这24个字是社会主义核心价值观的基本内容，为培育和践行社会主义核心价值观提供了基本遵循。2015年4月28日，习近平总书记在庆祝"五一"国际劳动节暨表彰全国劳动模范和先进工作者大会上指出："'爱岗敬业、争创一流，艰苦奋斗、勇于创新，淡泊名利、甘于奉献'的劳模精神，生动诠释了社会主义核心价值观，是我们的宝贵精神财富和强大精神力量。"

劳动模范是时代价值的标签，是广大职工群众的集体缩影，他们的先进事迹和优秀品质对我国不同历史时期的社会进步发挥了巨大推动作用，劳动模范的带头作用及其身上体现的劳模精神是时代的精神符号和力量化身，具体展现了社会主义核心价值体系的要求，也是对社会主义核心价值观的真实写照和生动诠释。无论是在社会主义改造和建设初期，还是改革开放和社会主义现代化建设新时期，再到迈入新时代，以劳动模范为代表的广大劳动者，用实际行动实现了为国家和人民奋斗终身的豪迈誓言，用青春和热血彰显着对国家、社会和人民的热爱。广大劳动者坚持独立自主、自力更生、开拓创新、奋力拼搏，完成了一项又一项技术创新，实现了一个又一个创造的超越，使中国自豪地屹立于世界强国之林。劳模精神不仅深刻地反映了社会主义核心价值观的丰富内涵和实践要求，还为凝练和丰富社会主义核心价值观提供了精神资源，是培育和践行社会主义核心价值观的集中体现，为培育和践行社会主义核心价值观提供了素材和范例。

劳动精神作为劳动的精神产物，是对社会主义核心价值观所蕴含劳动内容的淬炼升华，是社会主义核心价值观的题中应有之义。无论时代如何变化，无论经济社会如何发展，劳动创造历史、劳动创造美好生活的真理自始至终从未改变，劳动是社会主义核心价值观形成的现实基础。社会主义核心价值观植根于中国特色社会主义的伟大实践，是契合社会发展规律、反映时代进步要求、顺应人民对美好生活新期待的价值选择。"富强、民主、文明、和谐"的国家需要依靠劳动者的辛勤劳动和智慧创造，需要一代代劳动者接续奋斗。劳动精神的价值导向与社会主义核心价值观的价值目标、价值取向、价值准则高度契合。同时，劳动精神也内在地蕴含着社会主义核心价值观的基本追求。只有全社会都"崇尚劳动、热爱劳动、辛勤劳动、诚实劳动"，才会有自由、平等、公正、法治的社会环境；只有每一位劳动者把弘扬践行劳动精神作为高度的行动自觉，才能真正促进社会主义核心价值观在全社会范围内得到认同与践行，所以社会主义核心价值观的产生、发展、实现都与劳动精神息息相关。

工匠精神体现了劳动者钻研技能、精益求精、敬业担当的职业精神，是践行社会主义核心价值观的具体实践，是对广大劳动者的新时代要求。工匠精神所蕴含的"执着专注、精益求精、一丝不苟、追求卓越"价值准则和职业理念，与社会主义核心价值观的"敬业""诚信"要求是高度契合的。工匠对工作精益求精的态度是其生存之本，这种职业态度对社会主义核心价值观的培育也具有积极的推动作用。敬业需要把工作的感情外化为实际的付出,这就要求每一位劳动者都要行于实践、精于技艺、勇于创新,每一位劳动者都应该具有新时代工匠精神,都应该努力成为新时代的工匠。劳动者要充分调动自我超越、自我提升、自我完善的积极性和主动性,激发自身的劳动热情和内在潜能,在不同岗位上体现个人价值,成就出彩人生。这样不仅能为社会提供更精细的工业产品和生活服务,也能获得职业情感的满足,实现社会和个人价值的统一,用实际行动践行社会主义核心价值观。

三、实现中华民族伟大复兴中国梦的需要

劳模精神是推动实现中华民族伟大复兴中国梦的精神驱动力和引领力。实现国家富强,需要弘扬劳模精神;实现民族振兴,需要弘扬劳模精神;实现共同富裕,需要弘扬劳模精神。实现中华民族伟大复兴中国梦,劳动者起着至关重要的作用。在新时代的征程中,每个人都是主角,只有把国家理想转变为个人的自觉行动,才能实现中华民族伟大复兴的中国梦。一方面,劳模精神是推动实现中华民族伟大复兴中国梦的宝贵精神文明成果。"实现我们的发展目标,不仅要在物质上强大起来,而且要在精神上强大起来。全国各族人民都要向劳模学习,以劳模为榜样,发挥只争朝夕的奋斗精神,共同投身实现中华民族伟大复兴的宏伟事业。"[1]劳模精神的发展演进本身也证明了物质和精神生产均能创造社会财富。从"铁

---

[1] 习近平:《在同全国劳动模范代表座谈时的讲话》,《人民日报》,2013年4月29日。

人"王进喜到"新时期铁人"王启明,从"两弹元勋"邓稼先到"中国航空发动机之父"吴大观,从"金牌工人"窦铁成到"金牌焊工"高凤林,一代又一代的劳动模范以惊人的毅力、朴实的执着坚守在工作岗位一线,以精益求精的胆力、争创一流的锐力突破一个又一个难题,推动着革命、建设和改革事业不断创造出辉煌的成就。另一方面,劳模精神是推动实现民族复兴中国梦的强大精神力量。"实现中华民族伟大复兴的中国梦,根本上要靠包括工人阶级在内的全体人民的劳动、创造、奉献。"[1] 劳模精神的历史演进充分体现了以工人阶级为代表的先进阶级的创造力和战斗力,充分展现了新时代大国工匠的创新力、凝聚力。面对世界百年未有之大变局,面对人工智能、大数据、数字经济带来的生产生活方式的改变,面对新一轮科技革命和产业变革的需要,劳模精神激励广大劳动群众以敢于创新的勇气、敢为人先的锐气、敢于担当的底气,以辛勤劳动、诚实劳动、创造性劳动克服一个又一个的艰难险阻,取得一次又一次的惊人成绩,向世界充分展现了中国奇迹、中国力量、中国速度、中国效率的源泉所在。实现中华民族伟大复兴的中国梦离不开广大劳动群众在各自岗位上的辛勤劳作,因此,崇尚劳动是中国梦的价值支撑,更是实现中国梦的动力引擎。劳动是我国经济社会发展的主导因素,劳动者在社会发展变革中发挥着主导作用。中华人民共和国成立后,我国从一穷二白到初步建立起比较完整的现代工业体系,靠的是战天斗地的劳动激情;改革开放以来,

---

[1] 习近平:《竭诚服务职工群众 维护职工群众权益 为实现中国梦再创新业绩再建新功勋》,《人民日报》,2013 年 10 月 24 日。

我国由经济发展落后的状态成为世界经济的重要引擎，靠的是开拓进取的劳动精神；新冠疫情发生以来，我国从率先走出危机到实现经济平稳较快发展，靠的仍然是共克时艰的劳动信念。大力弘扬劳模精神和劳动精神，能够激发广大劳动者的自强意识和强国信念，调动他们的工作积极性，使国家发展、民族复兴的时代主题与个体发展观形成有机的统一，为实现中华民族伟大复兴中国梦奠定了坚实的基础。

四、建设高素质劳动者大军的需要

制造业是国民经济的主体，是当代中国的"立国之本、兴国之器"，要想实现从"制造大国"向"制造强国"的根本性转变，需要培养一支高素质、高技能的劳动者大军，这就必然需要大力培育和弘扬工匠精神。2015年5月，国务院印发了《中国制造2025》，这是中国实施制造强国战略第一个十年的行动纲领，其中明确指出了制造业发展的战略目标："建设制造强国……实现中国制造向中国创造的转变，中国速度向中国质量的转变，中国产品向中国品牌的转变，完成中国制造由大变强的战略任务。"[1]2016年12月，习近平总书记在中央经济工作会议上指出：引导企业形成自己独有的比较优势，发扬"工匠精神"，加强品牌建设，培育更多"百年老店"，增强产品竞争力。[2] 2016年4月，习近平总书记在

---

1 《中国制造2025》，人民出版社2015年版，第6-7页。
2 《中央经济工作会议在北京举行》，《人民日报》，2016年12月17日。

知识分子、劳动模范、青年代表座谈会上指出:"无论从事什么劳动,都要干一行、爱一行、钻一行。在工厂车间,就要弘扬'工匠精神',精心打磨每一个零部件,生产优质的产品。"[1] 重视工匠精神的培育和传承是国际制造业强国成功的重要因素,打造具有国际竞争力的制造业,是我国提升综合国力、保障国家安全、建设世界强国的必由之路,而追求精益求精、质量至上的工匠精神则是中国制造业转型升级的精神支柱,这就必须要培养庞大的具有工匠精神的高素质劳动者大军。工匠精神在劳动者大军身上不仅体现为各行各业的劳动者们对产品质量和工艺流程的执着追求,也体现为诚实守信的高尚品格和道德追求,更体现为敢于在国家高质量发展中提出新理论、开辟新领域、探索新路径的创新精神。高质量发展是全面建设社会主义现代化国家的重要保证,高素质的劳动者大军是实现高质量发展的重要保证,工匠精神则是高素质劳动者大军的必备品质。只有全力打造具有工匠精神的耐心专注和执着创新的劳动者大军,才能持续推进我国制造业的质量升级、技术升级、品质升级和战略升级,增强我国制造业竞争的新优势。

第二节 习近平总书记关于劳模精神、劳动精神、工匠精神的重要论述

习近平总书记一直关心劳模、关爱劳动者,他对于弘扬劳模

---

[1] 习近平:《在知识分子、劳动模范、青年代表座谈会上的讲话》,《人民日报》,2016年4月30日。

精神、劳动精神、工匠精神的重要论述，是大力弘扬"三种精神"，做好工会劳模工作的重要遵循。

一、习近平总书记对弘扬劳模精神、劳动精神、工匠精神的重要指示批示

2013年4月28日，习近平总书记亲临全国总工会机关同全国劳动模范代表座谈时指出："劳动模范是民族的精英、人民的楷模。长期以来，广大劳模以平凡的劳动创造了不平凡的业绩，铸就了'爱岗敬业、争创一流、艰苦奋斗、勇于创新、淡泊名利、甘于奉献'的劳模精神，丰富了民族精神和时代精神的内涵，是我们极为宝贵的精神财富。"在这次讲话中，习近平总书记概括了劳模精神的内涵。

2014年4月30日，习近平总书记在乌鲁木齐接见劳动模范和先进工作者、先进人物代表时提出："实现我们确立的奋斗目标，归根到底要靠辛勤劳动、诚实劳动、科学劳动。我们要在全社会大力弘扬劳动光荣、知识崇高、人才宝贵、创造伟大的时代新风，促使全体社会成员弘扬劳动精神，推动全社会热爱劳动、投身劳动、爱岗敬业，为改革开放和社会主义现代化建设贡献智慧和力量。"这是习近平总书记在讲话中首次提出"劳动精神"，并向全社会发出号召"广大党员、干部要带头弘扬劳动精神，增强同劳动人民的感情，带头在各自岗位上勤奋工作、踏实劳动"。

2015年4月28日，习近平总书记在庆祝"五一"国际劳动节暨表彰全国劳动模范和先进工作者大会上强调，"我们在这里隆

重集会，纪念全世界工人阶级和劳动群众的盛大节日——'五一'国际劳动节，表彰全国劳动模范和先进工作者，目的是弘扬劳模精神，弘扬劳动精神，弘扬我国工人阶级和广大劳动群众的伟大品格"。这是习近平总书记首次将劳模精神、劳动精神并列在一起，并要求"在前进道路上，我们要始终弘扬劳模精神、劳动精神，为中国经济社会发展汇聚强大正能量"。从提倡向劳模先进群体看齐到倡导全社会都要热爱劳动、投身劳动，体现了习近平总书记对劳动者的高度尊重。

2016年4月26日，习近平总书记在安徽主持召开知识分子、劳动模范、青年代表座谈会，他强调："劳动模范是劳动群众的杰出代表，是最美的劳动者。劳动模范身上体现的'爱岗敬业、争创一流，艰苦奋斗、勇于创新，淡泊名利、甘于奉献'的劳模精神，是伟大时代精神的生动体现。""无论从事什么劳动，都要干一行、爱一行、钻一行。在工厂车间，就要弘扬'工匠精神'，精心打磨每一个零部件，生产优质的产品。"习近平总书记再次诠释了劳模精神的内涵，并明确提出"工匠精神"，这是习近平总书记根据我国经济社会发展的客观实际，对工人阶级和广大劳动群众提出的新的更高要求，是对"当代工人不仅要有力量，还要有智慧、有技术，能发明、会创新"要求的具体化，具有鲜明的时代特征。

2017年10月18日，习近平总书记在党的十九大报告中明确指出，"建设知识型、技能型、创新型劳动者大军，弘扬劳模精神和工匠精神，营造劳动光荣的社会风尚和精益求精的敬业风气"。把劳模精神、工匠精神写入党的全国代表大会报告，充分体现了党和国家对弘扬劳模精神、劳动精神、工匠精神的高度重视。

2018年4月30日，习近平总书记给中国劳动关系学院劳模本科班学员回信，指出："劳动最光荣、劳动最崇高、劳动最伟大、劳动最美丽。全社会都应该尊敬劳动模范、弘扬劳模精神，让诚实劳动、勤勉工作蔚然成风。"寄语广大劳模，"在各自岗位上继续拼搏、再创佳绩，用你们的干劲、闯劲、钻劲鼓舞更多的人，激励广大劳动群众争做新时代的奋斗者"。

2018年9月10日，习近平总书记在全国教育大会上指出，"要在学生中弘扬劳动精神，教育引导学生崇尚劳动、尊重劳动，懂得劳动最光荣、劳动最崇高、劳动最伟大、劳动最美丽的道理，长大后能够辛勤劳动、诚实劳动、创造性劳动"。他明确提出，要努力构建德智体美劳全面培养的教育体系，培养德智体美劳全面发展的社会主义建设者和接班人。

2018年10月29日，习近平总书记同全国总工会新一届领导班子成员集体谈话，指出，"劳动模范是民族的精英、人民的楷模。大国工匠是职工队伍中的高技能人才。体现在他们身上的劳模精神、劳动精神、工匠精神，是伟大民族精神的重要内容"。这是习近平总书记在讲话中首次将"三种精神"并列在一起进行阐述，是我们党重要的理论创新成果。

2020年4月30日，习近平总书记给郑州圆方集团全体职工回信，指出："希望广大劳动群众坚定信心、保持干劲，弘扬劳动精神，克服艰难险阻，在平凡岗位上续写不平凡的故事，用自己的辛勤劳动为疫情防控和经济社会发展贡献更多力量。"在全国新冠疫情防控取得重大战略成果之际，习近平总书记再次强调弘扬劳动精神，更加凸显了弘扬劳动精神是我们不断克服困难，有效应对新冠疫情冲击，夺取疫情防控和经济社会发展双胜利的重要法宝。

2020年11月24日，习近平总书记在全国劳动模范和先进工作者表彰大会上发表重要讲话，再次对弘扬劳模精神、劳动精神、工匠精神进行了系统深入阐释。习近平总书记强调，要大力弘扬劳模精神、劳动精神、工匠精神。劳模精神、劳动精神、工匠精神是以爱国主义为核心的民族精神和以改革创新为核心的时代精神的生动体现，是鼓舞全党全国各族人民风雨无阻、勇敢前进的强大精神动力。习近平总书记对"三种精神"的内涵进行了系统阐释，对劳模先进人物继续发挥示范带头作用，工人阶级和广大劳动群众学先进赶先进，各级党政尊重劳模、关爱劳模，全社会崇尚劳动、见贤思齐，提出了更高要求。这体现了习近平总书记对劳动价值的充分肯定，对劳动模范和工匠人才的高度重视，对劳模精神、劳动精神、工匠精神的深入思考和大力推崇[1]。

2020年12月10日，习近平总书记致信祝贺首届全国职业技能大赛举办，指出："各级党委和政府要高度重视技能人才工作，大力弘扬劳模精神、劳动精神、工匠精神，激励更多劳动者特别是青年一代走技能成才、技能报国之路，培养更多高技能人才和大国工匠，为全面建设社会主义现代化国家提供有力人才保障。"再次强调要大力弘扬劳模精神、劳动精神、工匠精神。

2021年4月30日，在"五一"国际劳动节到来之际，习近平

---

[1] 王东明，《求是》2020/23，"团结动员亿万职工建功新征程——学习习近平总书记在全国劳动模范和先进工作者表彰大会上的重要讲话精神"，http://www.qstheory.cn/dukan/qs/2020-12/01/c_1126799075.htm。

总书记向全国广大劳动群众致以节日的祝贺和诚挚的慰问,强调:"希望广大劳动群众大力弘扬劳模精神、劳动精神、工匠精神,勤于创造、勇于奋斗,更好发挥主力军作用,满怀信心投身全面建设社会主义现代化国家、实现中华民族伟大复兴中国梦的伟大事业。各级党委和政府要充分调动广大劳动群众积极性、主动性、创造性,切实保障广大劳动群众合法权益,支持和激励广大劳动群众在新时代更好建功立业。"

2021年5月28日,习近平总书记在中国科学院第二十次院士大会、中国工程院第十五次院士大会、中国科协第十次全国代表大会上发表重要讲话,强调:"要更加重视青年人才培养,努力造就一批具有世界影响力的顶尖科技人才,稳定支持一批创新团队,培养更多高素质技术技能人才、能工巧匠、大国工匠。"

2022年4月,首届大国工匠创新交流大会召开,习近平总书记致贺信,他指出,"技术工人队伍是支撑中国制造、中国创造的重要力量。我国工人阶级和广大劳动群众要大力弘扬劳模精神、劳动精神、工匠精神,适应当今世界科技革命和产业变革的需要,勤学苦练、深入钻研,勇于创新、敢为人先,不断提高技术技能水平,为推动高质量发展、实施制造强国战略、全面建设社会主义现代化国家贡献智慧和力量。"

二、深入基层提出弘扬劳模精神、劳动精神、工匠精神的明确要求

劳模精神、劳动精神、工匠精神扎根于中国这片广袤的土地,

根植于中华优秀文化沃土，在中国共产党的领导下，不断丰富和发展。党的十八大以来，习近平总书记每到一地视察和深入基层调研时，都深深牵挂着广大职工群众和劳模的生产、生活，同普通职工和劳动模范代表进行近距离交谈，对他们嘘寒问暖，鼓励他们努力工作、报效祖国。习近平总书记多次作出重要指示，高度肯定劳动的价值，强调崇尚劳动、尊重劳动者，注重培育劳动观念和加强劳动教育，一以贯之地要求大力弘扬劳模精神、劳动精神、工匠精神[1]。

2017年2月，习近平总书记来到北京大兴国际机场建设工地考察，走进工程指挥部，了解新机场规划建设、功能定位情况。他询问新机场年旅客吞吐量，当得知远期规划超过1亿人次时，他对提升北京航空枢纽能力表示赞许。希望大家再接再厉，精益求精，善始善终，再创佳绩[2]。

2017年4月，习近平总书记在广西考察，看望北海市铁山港公用码头现场作业的工人们。习近平总书记同工人们亲切握手，勉励他们爱岗敬业、争创一流，树立和展示当代工人阶级良好形象。

2017年12月，习近平总书记在徐工集团重型机械有限公司亲切看望劳动模范、技术能手等职工代表，他热情洋溢地对职工们说："广大企业职工要增强新时代工人阶级的自豪感和使命感，爱岗敬业、拼搏奉献，大力弘扬劳模精神和工匠精神，在为实现中国梦的奋斗中争取人人出彩。"

1　李玉赋，《旗帜》2021年第一期，"用习近平总书记全国劳模大会重要讲话精神指导实践创新"，http: //www.qizhiwang.org.cn/n1/2021/0128/c435278-32015333.html。
2　http: //news.cnr.cn/native/gd/20170225/t20170225_523620476.shtml。

2018年9月，习近平总书记在辽宁忠旺集团考察时强调，民营企业也要进一步弘扬企业家精神、工匠精神，抓住主业，心无旁骛，力争作出更多的一流产品，发展一流的产业，为实现"两个一百年"奋斗目标作出新的贡献。

2019年8月20日，习近平总书记在甘肃省张掖市山丹县考察山丹培黎学校时强调，实体经济是我国经济的重要支撑，做强实体经济需要大量技能型人才，需要大力弘扬工匠精神，发展职业教育前景广阔、大有可为。要继承优良传统，创新办学理念，为新时代推进西部大开发培养更多应用型、技能型人才。他希望同学们专心学习，掌握更多实用技能，努力成为对国家有用、为国家所需的人才[1]。

2019年9月，习近平总书记对我国技能选手在第45届技能大赛上取得佳绩作出重要指示，强调劳动者素质对一个国家、一个民族发展至关重要。技术工人队伍是支撑中国制造、中国创造的重要基础，对推动经济高质量发展具有重要作用。要健全技能人才培养、使用、评价、激励制度，大力发展技工教育，大规模开展职业技能培训，加快培养大批高素质劳动者和技术技能人才。要在全社会弘扬精益求精的工匠精神，激励广大青年走技能成才、技能报国之路。

2020年8月，习近平总书记在安徽考察调研时来到中国宝武马钢集团，在车间外同企业劳动模范、工人代表亲切地打招呼，

---

[1]《习近平在甘肃考察时强调　坚定信心开拓创新真抓实干　团结一心开创富民兴陇新局面》，2019年8月22日，新华网。

强调要抓住深化国有企业改革和推动长三角一体化发展的重大机遇，加强新材料新技术研发，开发生产更多技术含量高、附加值高的新产品，增强市场竞争力。并指出劳动模范是共和国的功臣，要大力弘扬劳模精神。

第三节 重要会议和文件对弘扬劳模精神、劳动精神、工匠精神的相关要求

中央有关重要会议和文件也对弘扬劳模精神、劳动精神、工匠精神提出了具体要求。

一、尊重劳动、尊重知识、尊重人才、尊重创造的党和国家重大方针

中国共产党第十六次全国代表大会报告指出，必须尊重劳动、尊重知识、尊重人才、尊重创造，这要作为党和国家的一项重大方针在全社会认真贯彻。要尊重和保护一切有益于人民和社会的劳动。不论是体力劳动还是脑力劳动，不论是简单劳动还是复杂劳动，一切为我国社会主义现代化建设作出贡献的劳动，都是光荣的，都应该得到承认和尊重。

中国共产党第十八次全国代表大会报告指出，要尊重劳动、尊重知识、尊重人才、尊重创造，加快确立人才优先发展战略布局，造就规模宏大、素质优良的人才队伍，推动我国由人才大国迈向人才强国。

中国共产党第十九次全国代表大会报告再次强调，加快建设制造强国，加快发展先进制造业……建设知识型、技能型、创新型劳动者大军，弘扬劳模精神和工匠精神，营造劳动光荣的社会风尚和精益求精的敬业风气。

中国共产党第二十次全国代表大会报告继续倡导"尊重劳动、尊重知识、尊重人才、尊重创造"，并号召"在全社会弘扬劳动精神、奋斗精神、奉献精神、创造精神、勤俭节约精神"，充分彰显了党中央对人才强国战略的高度重视和严格要求。

二、贯彻培养德智体美劳全面发展的社会主义建设者和接班人的教育方针

2017年2月6日，习近平总书记主持召开中央全面深化改革领导小组第三十二次会议，审议通过了《新时期产业工人队伍建设改革方案》，其中指出要"强化职业精神和职业素养教育，大力弘扬劳模精神、劳动精神、工匠精神，引导产业工人爱岗敬业、甘于奉献，培育健康文明、昂扬向上的职工文化，在精神文明建设中发挥示范导向作用"，劳模精神、劳动精神、工匠精神在中央文件中首次并列在一起。

2019年6月23日，中共中央、国务院印发《关于深化教育教学改革全面提高义务教育质量的意见》，强调必须加强劳动教育，充分发挥劳动综合育人功能，制定劳动教育指导纲要，加强学生生活实践、劳动技术和职业体验教育。优化综合实践活动课程结构，确保劳动教育课时不少于一半。家长要给孩子安排力所能及

的家务劳动，学校要坚持学生值日制度，组织学生参加校园劳动，积极开展校外劳动实践和社区志愿服务。创建一批劳动教育实验区，农村地区要安排相应田地、山林、草场等作为学农实践基地，城镇地区要为学生参加农业生产、工业体验、商业和服务业实践等提供保障。

2019年8月，中共中央办公厅、国务院办公厅印发《关于深化新时代学校思想政治理论课改革创新的若干意见》，要求系统开展马克思主义理论教育，系统进行中国特色社会主义和中国梦教育、社会主义核心价值观教育、法治教育、劳动教育、心理健康教育、中华优秀传统文化教育。

2020年3月，中共中央、国务院印发《关于全面加强新时代大中小学劳动教育的意见》，强调劳动教育的重大意义：是中国特色社会主义教育制度的重要内容，直接决定社会主义建设者和接班人的劳动精神面貌、劳动价值取向和劳动技能水平。规定要根据各学段特点，在大中小学设立劳动教育必修课程，系统加强劳动教育。中小学劳动教育课每周不少于1课时，学校要对学生每天课外校外劳动时间作出规定。职业院校以实习实训课为主要载体开展劳动教育，其中劳动精神、劳模精神、工匠精神专题教育不少于16学时。普通高等学校要明确劳动教育主要依托课程，其中本科阶段不少于32学时。其中中等职业学校劳动教育内容要求要提高学生职业技能水平，培育学生精益求精的工匠精神和爱岗敬业的劳动态度。

2022年4月新修订的《中华人民共和国职业教育法》第四条第二款规定："实施职业教育应当弘扬社会主义核心价值观，对受教育者进行思想政治教育和职业道德教育,培育劳模精神、劳动精神、工匠精神,传授科学文化与专业知识,培养技术技能,进行职业指导,全面提高受教育者的素质。"这一条直接明确了职业教育是以劳模精神、劳动精神、工匠精神为精神指引。第三十二条规定:"国家通过组织开展职业技能竞赛等活动,为技术技能人才提供展示技能、切磋技艺的平台,持续培养更多高素质技术技能人才、能工巧匠和大国工匠。"

三、弘扬劳模精神和工匠精神,造就一支素质优良的知识型、技能型、创新型劳动者大军

2019年8月26日,习近平总书记主持召开中央财经委员会第五次会议,强调推动形成优势互补高质量发展的区域经济布局,发挥优势提升产业基础能力和产业链水平,要发挥企业家精神和工匠精神,培育一批"专精特新"中小企业。

2019年9月19日,中共中央、国务院印发《交通强国建设纲要》,其中强调要打造素质优良的交通劳动者大军。弘扬劳模精神和工匠精神,造就一支素质优良的知识型、技能型、创新型劳动者大军。大力培养支撑中国制造、中国创造的交通技术技能人才队伍,构建适应交通发展需要的现代职业教育体系。

2019年10月31日,中国共产党第十九届中央委员会第四次全体会议通过《中共中央关于坚持和完善中国特色社会主义制度,推进国家治理体系和治理能力现代化若干重大问题的决定》,强调弘扬科学精神和工匠精神,加快建设创新型国家,强化国家战略

科技力量，健全国家实验室体系，构建社会主义市场经济条件下关键核心技术攻关新型举国体制。

2019年12月22日，中共中央、国务院印发《关于营造更好发展环境支持民营企业改革发展的意见》，提出要营造实干兴邦、实业报国的良好社会氛围，鼓励支持民营企业心无旁骛做实业。引导民营企业提高战略规划和执行能力，弘扬工匠精神，通过聚焦实业、做精主业，不断提升企业发展质量。大力弘扬爱国敬业、遵纪守法、艰苦奋斗、创新发展、专注品质、追求卓越、诚信守约、履行责任、勇于担当、服务社会的优秀企业家精神，认真总结梳理宣传一批典型案例，发挥示范带动作用。

2021年3月12日，《中华人民共和国国民经济和社会发展第十四个五年规划和2035年远景目标纲要》指出，弘扬科学精神和工匠精神，广泛开展科学普及活动，加强青少年科学兴趣引导和培养，形成热爱科学、崇尚创新的社会氛围，提高全民科学素质。提倡艰苦奋斗、勤俭节约，开展以"劳动创造幸福"为主题的宣传教育。贯彻尊重劳动、尊重知识、尊重人才、尊重创造方针，深化人才发展体制机制改革，全方位培养、引进、用好人才，充分发挥人才第一资源的作用。

第二章

劳模精神
——中华民族伟大精神的集中体现

第二章 | 劳模精神——中华民族伟大精神的集中体现

劳动模范是一个光荣称号，也是一种精神坐标；劳模精神是激励人们勤奋劳动的精神动力，也是中国工人阶级伟大品格的集中体现。劳模精神在不同时代有不同的时代特点，并伴随着时代前进的步伐在传承中丰富发展。

第一节 劳模精神的时代变迁

劳模，是劳动者的模范代表，其产生是人类劳动活动和工作实践的结晶。劳模群体身上具有突出的、一致的、共有的劳动态度和道德品质，即劳模群体所体现出来的劳模精神，可以折射和反映出一个民族在某一个时代的精神风貌和社会价值取向。每一时期的劳模，都是时代的精神符号和力量化身；每一时代的劳模群体，都呈现出多元的组合，体现了对不同劳动价值的肯定。随着社会的不断发展，从"铁人精神"到"振超效率"，从"埋头苦干"到"创新劳动"，劳模已从传统意义上的"出大力、流大汗"向"知识型、技术型、创新型"方向转变，劳模的构成也由体力劳动者向体力和脑力劳动者并存、生产者与创业者并存的方向发展。虽然劳模精神的构成在不断变化，外延不断更新，但劳模精神的内涵和精髓始终未变。

一、中华人民共和国成立前的劳模精神

劳动模范现象最早诞生于土地革命战争时期（1927—1937年）中央苏区的公营企业和革命竞赛中，尔后出现在抗日战争时期的陕甘宁边区大生产运动（1941—1942年）和各项建设中，解放战争时期又出现了大量的"支前劳模"和解放城市中的"工业劳模"。20世纪40年代，由于日本帝国主义和国民党反动派的封锁，陕甘宁边区政府在经济上面临着巨大的困难。自力更生，发展生产，打破敌人的封锁，成为当时边区的紧迫任务。在党的领导下，边区政府开展了"新劳动者运动""增产立功运动"，争当"增产立功"的"新劳动者"成为边区工人的响亮口号和奋斗目标。

"劳动模范"称号的形成，可追溯到延安时期（1935—1948年），脍炙人口的《南泥湾》歌词中有一句"鲜花送模范"，就是这一时期对先进人物的赞颂。这一时期的劳动模范主要包括生产好的劳动英雄和工作好的模范工作者。1939年秋天，在农具厂做化铁工作的赵占魁被陕甘宁边区政府树为模范工人。1942年，边区总工会开展"赵占魁运动"。同年9月12日，《解放日报》刊登边区总工会通知，号召全边区工人学习赵占魁辛苦劳作、始终如一的新的劳动态度。1943年，赵占魁又被评为边区特等劳动英雄。吴运铎是抗日战争时期革命根据地兵工事业的开拓者，也是新中国第一代工人作家。在抗日战争时期，他带领职工自制枪弹，在生产与研制武器弹药过程中多次负伤。解放战争时期，马恒昌创立了"马恒昌小组"，他冒险坚持生产，保证军工生产任务的完成；开展迎接红五月劳动竞赛，掀起东北地区捐献器材运动。抗

美援朝时期,他领导小组发出倡议,开展爱国主义劳动竞赛。

延安时期的劳模运动经历了从个人到集体、从生产领域到各个方面、从上级指定到群众评选、从数量增多到质量提高、从提倡号召到按规定标准予以推广、从革命竞赛到全面的群众运动的发展过程。[1]他们按照"服务战争、支援军事"的指导思想,"以新的劳动态度对待新的劳动",积极参加义务劳动,充分体现了"为革命献身、革命加拼命、苦干加巧干、经验加创新"的劳模精神,为新民主主义革命胜利和中华人民共和国的成立作出了重大贡献。

二、20世纪50至70年代的劳模精神

中华人民共和国成立初期,经济社会等各项事业百废待兴,党和政府动员一切力量去改变这种落后状况,"我们各个生产战线上的先进生产者,各个工作部门中的先进工作者,正是我国社会主义建设中的一种最积极的因素"。[2]为了恢复发展国民经济,进行社会主义建设,党和政府坚持沿用革命战争时期的经验做法,依托社会主义劳动竞赛和生产运动,调动广大职工群众的积极性,并从中评选出成千上万的劳动模范和先进生产者,以起到示范引领作用。

从1950年首次开展全国劳模表彰到1979年,共召开了九次全国劳模表彰大会,表彰了劳动模范、先进工作者和先进生产者13600余人,其中包括孟泰、时传祥、王进喜、申纪兰、王崇伦、

---

[1] 向德荣主编:《劳模精神职工读本》,中国工人出版社2016年版,第18—19页。

[2] 刘少奇:《在全国先进生产者代表会议上的祝词》。中共中央文献研究室:《建国以来重要文献选编》第8册,中央文献出版社1994年版,第268页。

向秀丽、马永顺、赵梦桃、张秉贵、马恒昌、李顺达、郭凤莲、王大衍、钱学森、袁隆平、陈景润等一大批劳模，他们在平凡的工作岗位上以不平凡的主人翁责任感和艰苦创业的精神、高尚忘我的劳动热情和无私奉献的精神赢得了社会的尊重，成为激励全国人民的楷模。

1950年9月25日，在中华人民共和国成立后第一个国庆纪念日前，党和国家第一次在北京中南海召开全国工农兵劳动模范代表大会。毛泽东在大会致祝词中称赞劳模"是全中华民族的模范人物，是推动各方面人民事业胜利前进的骨干，是人民政府的可靠支柱和人民政府联系广大群众的桥梁"[1]。1956年4月30日至5月10日，由中共中央、国务院倡议，全国总工会主持召开了有6000多人，包括先进生产者、先进工作者和特邀各界人士参加的全国先进生产者代表会议。刘少奇代表中共中央在会议上致祝词，称赞农业劳模是农业战线的中坚，工业先进的生产者和工作者是工人阶级中优秀分子的代表，是人类经济生活和人类社会历史向前发展的先驱。1959年10月25日至11月8日在北京举行了全国工业、交通运输、基本建设、财贸方面社会主义建设先进集体和先进生产者代表会议（又称全国群英会），这次大会出席的人数达6500多人，是涉及行业最广，表彰数量最大，中华人民共和国成立以来最为隆重和盛大的劳模表彰大会。1960年6月1日至11日，全国教育和文化、卫生、体育、新闻方面社会主义建设先进单位和先进工作者代表大会在北京召开，会议代表共5800多人，是文

---

[1]《毛泽东文集》第六卷，人民出版社1999年版，第95页。

教战线的第一次群英会。1977年至1979年这短短的三年时间里，中共中央、国务院连续召开了五次劳模表彰大会，分别是：

在1977年4月20日至5月14日召开的全国工业学大庆会议上，中共中央、国务院授予全国大庆式企业、全国先进企业称号2126个，全国先进生产者称号385人。在1978年3月18日至3月31日召开的全国科学大会上，中共中央、国务院授予先进集体称号826个，先进科技工作者称号1192人。在1978年6月20日至7月9日召开的全国财贸学大庆学大寨会议上，中共中央、国务院授予全国财贸战线大庆式企业称号736个，全国劳动模范和先进生产者称号381人。在1979年9月28日召开的国务院表彰工业、交通、基本建设战线全国先进企业和全国劳模大会上，国务院授予全国先进企业称号118个，全国劳动模范222人。在1979年12月28日召开的国务院表彰农业、财贸、教育、卫生、科研战线全国先进单位和全国劳动模范大会上，国务院授予全国先进单位称号351个，全国劳动模范340人。

这一时期，关于劳模精神的文字表述，"热爱祖国，忠于党和人民，服从领导"的频率极高。坚定共产主义理想、忠党爱国、为实现共产主义而努力奋斗是劳模精神的题中之意。新中国的社会主义革命和建设事业，是建立在"一穷二白"的基础上的，自强不息、自力更生、艰苦奋斗、发愤图强，成为突出的时代主题和民族精神的主旋律，在新中国建设的各条战线上，一批批劳模秉持着这种时代的要求，以"敢教日月换新天"的气概努力工作，成为鼓舞中国人民奋力开创社会主义伟大事业的强大动力。人民当家作主，爱岗敬业、忘我劳动、多做贡献的职业道德就是这种新的精神道德风尚的具体体现，是社会主义劳模精神最基本的表现形式之一。

三、20世纪80年代至21世纪初的劳模精神

进入改革开放新时期，劳模表彰开始有了明显变化，会议召开的时间和届次越来越固定，会议的名称和荣誉称号也越来越统一，而劳模的来源范围也越来越广泛。但无论哪个行业的劳模，都能与时代同行，当先锋、树表率，影响带动着广大劳动者坚守信念、立足岗位、开拓创新、建功立业。这从中国特色社会主义现代化建设新时期的五次劳模表彰大会便可见端倪。

在1989年9月28日召开的全国劳动模范和全国先进工作者表彰大会上，2790人被授予全国劳动模范和先进工作者荣誉称号，这是自1959年时隔30年之后的一次盛大的群英聚会。这次大会是对党的十一届三中全会以来社会主义现代化建设的一个总结，激励着全国各族人民坚决贯彻党中央的各项方针，取得更大成绩。在1995年4月29日召开的全国劳动模范和先进工作者表彰大会上，中共中央、国务院表彰全国劳动模范和先进工作者共2877人。江泽民出席大会并发表重要讲话。他强调知识分子的作用，把知识分子与"工人、农民、其他劳动群众"并列在一起叙述。从此，被嘉奖的劳模中知识分子的比例开始大幅提升。2000年4月29日，全国劳动模范和先进工作者表彰大会在北京人民大会堂隆重召开，国务院授予1931人全国劳动模范荣誉称号，授予1015人全国先进工作者荣誉称号。江泽民在会上发表重要讲话，

强调"我们肩负的改革开放和现代化建设的任务光荣而艰巨。伟大的事业需要伟大的精神力量。全社会都要学习和弘扬先进模范人物的崇高精神，以坚定的信心和旺盛的热情投身到建设有中国特色社会主义事业中去"。[1] 2005年4月30日，全国劳动模范和先进工作者表彰大会在北京人民大会堂隆重举行，国务院授予2969人全国劳动模范和全国先进工作者荣誉称号。胡锦涛出席并发表重要讲话，第一次把劳模体现出来的精神用"劳模精神"来表述。这次评选有几个特色：一是私营企业主和进城务工人员第一次被纳入评选范围；二是劳模人选第一次在媒体上进行公示；三是当选的全国劳模60%以上是企业一线工人和企业技术人员，这说明党和政府切实做到了尊重劳动、尊重知识、尊重人才、尊重创造，与"劳动光荣、知识崇高、人才宝贵、创造伟大"的时代精神相契合，展现了21世纪劳模的时代风采和形象。2010年4月27日，全国劳动模范和先进工作者表彰大会在北京人民大会堂举行，对2985名全国劳动模范和全国先进工作者进行了表彰。胡锦涛出席并发表重要讲话，号召全国各族劳动者向劳模学习，弘扬劳模精神。此次表彰大会在人员构成上较以往各届呈现更加多元化特点。

随着"科学技术是第一生产力""知识分子是工人阶级的一部分"等理论的提出，充分调动并鼓舞了先进知识分子和脑力工作者的劳动热情，扩大了劳模队伍的外延，进一步丰富了劳模精神的内涵。这一时期产生了以邓稼先、陈景润、袁隆平、罗健夫等为代表的一大批知识精英和科研工作者，他们以精湛的业务能力、

---

1 《全国劳动模范和先进工作者表彰大会在京隆重召开》，《中国公务员》，2000（6）：2。

卓越的技术革新能力，开拓创新、敢闯敢干、巧干实干的劳模精神，鼓舞了广大人民群众积极投身国家科研、教育事业、科学技术的发展大潮中。随着社会主义市场经济的发展，以知识型劳动者为代表的先进模范典型逐渐进入了大众视野，他们身上所体现的求真务实、解放思想、艰苦奋斗、开拓进取等优秀品质丰富和发展了劳模精神的时代内涵。

四、新时代的劳模精神

党的十八大以来，中国特色社会主义进入新时代，站在新的历史时期，以习近平同志为核心的党中央高度重视劳模工作，对劳动模范在社会中发挥的重要作用给予了充分肯定和高度赞扬，并号召全国各族人民尊重劳模，学习劳模先进事迹和劳动模范的优秀品格。

2013年，习近平总书记在同全国劳动模范代表座谈时指出："长期以来，广大劳模以平凡的劳动创造了不平凡的业绩，铸就了'爱岗敬业、争创一流，艰苦奋斗、勇于创新，淡泊名利、甘于奉献'的劳模精神，丰富了民族精神和时代精神的内涵，是我们宝贵的精神财富。"[1]这一讲话为新时代劳模精神赋予了新的科学内涵。此后，习近平总书记还先后使用"民族的精英、人民的楷模、劳动人民的杰出代表、最美的劳动者"等表述来充分肯定劳动模范和广大先进工作者的重要作用。2015年，习近平总书记在

---

[1] 习近平：《在同全国劳动模范代表座谈时的讲话》，《人民日报》，2013年4月29日。

庆祝"五一"国际劳动节暨表彰全国劳动模范和先进工作者大会上指出,"我们要始终弘扬劳模精神、劳动精神,为中国经济社会发展汇聚强大正能量""一定要在全社会大力弘扬劳模精神、劳动精神,引导广大群众树立辛勤劳动、诚实劳动、创造性劳动的理念,让劳动光荣、创造伟大成为时代强音"。[1]党的十九大报告中也明确提出:"建设知识型、技能型、创新型劳动者大军,弘扬劳模精神和工匠精神,营造劳动光荣的社会风尚和精益求精的敬业风气。"[2]在继承中国共产党弘扬中国精神的优秀传统的基础上,党中央结合新的时代特点提出要弘扬劳模精神,为劳模精神绽放得更加绚丽、弘扬得更加深入提供了理论指导,也有益于在全社会形成劳动光荣、创造伟大的时代新风。

劳模精神内涵的丰富与发展和时代背景息息相关,每一时期评选出的劳动模范都彰显着不同的时代特征,反映着一定时期的时代精神,以知识创造效益、以科技提升竞争力,实现个人价值、创造社会价值成为劳模的价值追求,知识型、创新型、技能型、管理型成为新时代劳模的鲜明特征。与此同时,随着人工智能、互联网和数字经济的广泛应用,人们的生产方式、思维方式和生活方式发生了极大改变,面临世界百年未有之大变局加速演变的重要机遇期,在国家"大众创业、万众创新"的劳动理念的号召下,涌现了"中国舰载机之父"罗阳、"九天揽星人"孙泽洲、

---

[1] 习近平:《在庆祝"五一"国际劳动节暨表彰全国劳动模范和先进工作者大会上的讲话》,《人民日报》,2015年4月29日。

[2] 习近平:《决胜全面建成小康社会 夺取新时代中国特色社会主义伟大胜利——在中国共产党第十九次全国代表大会上的报告》,人民出版社2017年版,第30页。

"金牌焊工"高凤林、"深海钳工第一人"管延安、"铁路施工创新小巨人"巨晓林、"活着的孔繁森"杨善洲、"贫困群众的亲闺女"刘双燕、"当代愚公"黄大发等一大批劳模，呈现出科技型、工匠型、服务型的特点，也呈现出开拓创新、人民至上的显著特征，劳模精神也被赋予新的时代要义和新的实践指向。

第二节 劳模精神的历史地位

劳模精神是一笔宝贵的社会财富，有着独特的历史地位。劳模精神的形成、发展、丰富贯穿了整个中国社会的变革和发展过程，对社会主义事业的发展起到了重要作用。在长期的革命实践中，工人阶级表现出来的坚定的理想信念、高超的智慧结晶，为劳模精神的形成作出了不可替代的贡献。劳模精神不仅在历史条件下激励中国共产党和工人阶级迎难而上、克服困难，创造了宝贵的物质财富，更重要的是给党和亿万劳动人民留下了跨越时空的精神财富。历史事实表明，劳模精神是社会主义事业发展的精神支柱，具有突出的历史贡献和历史作用。具体而言，主要表现在以下几个方面。

一、劳模精神是中国共产党人智慧的结晶

以毛泽东同志为核心的党的第一代中央领导集体，开创性地对马克思主义的劳动观念进行了中国特色化。毛泽东在1934年中央苏区开展革命劳动竞赛时就表彰模范工作作出重要论述。他指

出，提高生产效率的重要方法是调动劳动者的劳动热情，开展生产竞赛，奖励生产战线上的成绩昭著者。抗日战争时期，毛泽东在1943年陕甘宁边区召开的首届劳动英雄表彰大会上作报告，肯定了学习先进典型的重要意义。在1944年召开的劳动英雄和模范工作者大会上，毛泽东指出劳动模范具有带头作用、骨干作用和桥梁作用。[1] 在1950年第一届全国工农兵劳动模范代表大会上，毛泽东赞扬劳动模范，号召全体劳动者要多向劳模看齐、学习劳模。毛泽东对劳动和劳动模范的重视为中国共产党人进一步培育和弘扬劳模精神奠定了基础。毛泽东对劳动、对劳动模范的思想观念，极大地鼓舞了劳动人民，特别是在当时的时代背景下，极大地调动了工人阶级和农民群众的生产积极性。

改革开放以后，以邓小平同志为核心的党的第二代中央领导集体，在面对社会主义建设新时期的生产力发展新要求时，作出了"科学技术是第一生产力"的重要论断。邓小平鼓励劳动致富、实现共同富裕的重要劳动思想，极大地调动了劳动人民特别是知识分子的劳动积极性和创造性，为解放和发展社会主义经济生产、推动改革开放事业顺利进行奠定了坚实的基础。邓小平特别重视发挥劳动模范的榜样作用，号召全体劳动者积极向劳模学习，争做社会主义现代化的"四有（有理想、有道德、有文化、有纪律）"新人。他指出，劳动模范是劳动群众学习的榜样，全社会都要学习劳动模范的优秀品格、宣传劳动模范的先进事迹，营造积极进取、奋发图强的社会风气。1978年10月，邓小平在中国工

---

[1]《毛泽东选集》第三卷.人民出版社1991年版，第1014页。

会第九次全国代表大会上的致辞中提出:"在党的领导和工会的帮助下,全国各民族、各地区、各工业部门的职工群众中都涌现了一批劳动模范和工人阶级的革命骨干,他们至今还是我们学习的榜样和团结的核心","任何人对四个现代化贡献得越多,国家和社会给他的荣誉和奖励就越多,这是理所当然的"。[1]此后,以劳模为主体的劳模精神不断发展。鼓励各行各业的劳动者辛勤劳动,通过劳动致富,并提出了尊重知识、尊重人才的重要理论,他号召全体劳动者都要学习劳模,为社会主义现代化建设贡献一份力量。

改革开放进入新时期,江泽民同志十分关注并支持劳模工作,为进一步弘扬劳模精神、开展劳模工作奠定了基础。在2002年党的十六大报告中,江泽民提出了尊重劳动、尊重知识、尊重人才、尊重创造的新型社会主义劳动观,尊重劳动被正式提升到理论高度,强调要尊重并保护一切有益于人民和社会的劳动。为在全社会大力弘扬劳模精神,江泽民多次亲自与劳动模范交流,深入劳动模范的生活,听劳动模范报告、讲座等。江泽民指出,劳动模范敢于创新和求真务实的精神态度,爱岗敬业、艰苦奋斗的职业道德品质是全体劳动者的榜样,是我们的风向标和价值导向。劳动模范的光荣事迹和崇高品格是全体劳动者学习的榜样,要认真学习劳动模范对待劳动的热情态度和强烈的主人翁责任感,鼓励广大劳动群众认同并自觉践行劳模精神。江泽民称赞劳动模范是"建设社会主义物质文明和精神文明的先锋,是民族的精英、国家

---

[1]《邓小平文选》第二卷,人民出版社1994年版,第134、136页。

的脊梁,是社会的中坚和人民的楷模"。[1]

进入21世纪以来,中国特色社会主义建设事业跨入新的发展阶段。胡锦涛同志提出了以辛勤劳动为荣、以好逸恶劳为耻的劳动观以及实现体面劳动、构建和谐劳动关系的思想。胡锦涛高度重视工人阶级和广大劳动群众的重要作用,提出要大力弘扬忘我劳动、争创一流的伟大劳模精神。他指出,劳模精神是工人阶级时代风貌和崇高品格的集中展示,是中华民族始终坚持辛勤劳动、与时俱进、顽强拼搏、开拓创新、自强不息崇高品格的充分展现,是我们需要学习并继续发扬光大的。胡锦涛在江苏视察工作时指出,"劳动模范是工人阶级的优秀代表,是民族的精英、国家的栋梁、社会的楷模"。[2]他多次肯定和赞扬劳模精神,认为劳模用自己的辛勤劳动铸就了伟大的劳模精神,是我国工人阶级的优秀代表,集中展现了社会主义劳动者的崇高品格和时代风貌,号召广大劳动者多向劳动模范学习,不断提升自身工作能力和实践创新能力,为改革开放和现代化建设贡献一份力量。

党的十八大以来,我国进入中国特色社会主义新时代,中国化的马克思主义劳动思想进行着与时俱进的创新和发展。习近平总书记继承和发展了马克思主义劳动观,在弘扬传统劳模精神的基础上,结合时代特征,阐明了新时代劳模精神的本质特征。他在多个场合强调培育和弘扬新时代劳模精神的重要性,为新时代劳模精神赋予了新的科学内涵。他对劳模精神产生的历史、理论

---

[1] 江泽民:《在全国劳动模范和先进工作者表彰大会上的讲话》,人民论坛,2000(5):3。
[2] 郭丽娟:《党和国家领导人关心劳模工作纪事》,《工人日报》,2015年4月22日。

和实践逻辑作出了深刻分析和概括，为培育和弘扬新时代劳模精神提供了理论依据和支撑。他称赞劳动模范是民族的精英、人民的楷模、劳动人民的杰出代表、最美的劳动者、共和国的功臣等，充分彰显了党对劳动模范的肯定和重视。他强调要大力弘扬劳模精神，引导群众踏实劳动，让劳动创造成为时代发展主流，让敬业风气成为全社会追求的社会风尚。

二、劳模精神是中国特色社会主义劳动文化的生动体现

劳模精神植根于中华优秀传统劳动文化，崇尚劳动是中华民族延续数千年的传统美德。几千年来，中华儿女以辛勤的劳动实践，创造了中华民族光辉的历史和灿烂的文化，锻造了中国人民热爱劳动、勤劳勇敢的优秀品格。中华民族的劳动创造与劳动精神始终贯穿于社会生产、发展实践的方方面面与各个环节。"民生在勤，勤则不匮。"中华民族是勤于劳动、善于创造的民族。无论是上古时期的神农氏授民以稼穑，以农耕文明稳固国家的根本，还是明代宋应星在《天工开物》中记载的劳动人民在生产中创造的劳动工具与技艺，都体现了中华民族从古至今勤劳刻苦的劳动精神与勤奋质朴的思想品格。我国最早的一部诗歌《诗经》记载着许多关于劳动的诗篇，如《七月》描绘了一幅农夫一年四季劳动生活的农耕图，记载了当时的农业知识和生产资料。成书于南北朝时期的《齐民要术》，是中国杰出农学家贾思勰所著的一部综合性农学著作，也是世界农学史上最早的专著之一。书中系统总结了6世纪以前黄河中下游地区劳动人民的农牧业生产经验、食品的加工与贮藏、对野生

植物的利用以及治荒的方法等，展示了当时我国劳动人民丰富的生产经验和精湛的生产技术。北宋沈括所著《梦溪笔谈》，是一部涉及古代中国自然科学、工艺技术及社会历史现象的综合性笔记体著作，详细记载了古代劳动人民进行辛勤劳动、创造性劳动的历史事迹，反映出古代劳动人民在科技、人文等方面的劳动创造。中华民族传统的劳动文化和劳动价值观，为劳模精神的形成注入了民族文化的基因，使劳模精神从根基里就拥有了勤劳勇敢、吃苦耐劳、崇尚劳动的人格化品格。

三、劳模精神是中国工人阶级伟大品格的真实写照

中国近代历史发展证明，中国社会发展的进步是依靠最广大的工人阶级的进步。中国工人阶级掌握着先进的思想、精湛的技术、合作的理念，为人类的发展、社会的进步、国家的管理、民族的复兴起到了中流砥柱的作用。

在不同历史时期，以劳动模范为代表的一代又一代中国工人阶级以自己的模范行动创造了卓越的历史功勋。不管时代如何变迁，体现在中国工人阶级身上的精神品质是不变的，并且不断升华，积淀为宝贵的劳模精神。劳模身上集中体现的爱岗敬业、争创一流，艰苦奋斗、勇于创新，淡泊名利、甘于奉献的劳模精神正是他们作为工人阶级主人翁的体现。主人翁是指以主人的姿态和责任感去做事情，主人翁意识是个人进步、国家发展的根本动力。正是因为劳模把工作的钻研作为毕生的追求，才能做到爱岗敬业、争创一流；把国家的发展难题、技术攻关背负肩上，才能

做到艰苦奋斗、勇于创新；把工作的事当成自己人生价值的体现，不计较个人得失，才能做到淡泊名利、甘于奉献。

早在抗日战争时期，陕甘宁边区遭遇严重经济困难，中国共产党为了推动边区经济建设，自力更生，发展生产，在边区开展了劳动英雄和模范工作者运动。广大工人阶级和农民群众为发展生产、支援前线，帮助边区克服严重的经济困难，积极争当劳动英雄和模范工作者。中华人民共和国成立后，为了早日实现社会主义工业化，激发全国人民建设国家的热情，党和政府沿用了革命战争时期的经验做法，依托社会主义劳动竞赛和生产运动，调动人民群众的劳动热情和生产积极性，开展了形式多样的劳模运动，注重发现和积极推荐劳模典型，评选出了许多劳模和先进生产者。20世纪五六十年代，我国还处于物质十分匮乏的阶段，工人阶级自力更生、艰苦奋斗，他们的精神激励、鼓舞和影响了一个时代。改革开放初期，提倡劳动光荣、劳动致富，工人阶级继承和发扬"劳模精神"，涌现出了邓稼先、蒋筑英、李双良、王启民、包起帆、袁隆平等一大批具有鲜明时代特征的模范先进人物。到了21世纪，经济全球化，劳模主动融入市场，涌现出一批具有创新精神和实践能力强的模范先进人物，他们身上所反映出的劳模精神正是这个时代所需要、所倡导的，他们在为社会创造出更多财富的同时，更主动肩负起社会责任。

党的十八大以来，工人阶级不断开拓进取、奋发图强，用诚实劳动、合法创业，开创了中华民族伟大复兴的新局面。而劳动模范正是从劳动生产中选拔出来的优秀工人阶级代表，他们是工人阶级的先锋，展现出的正是工人阶级的意志品质和时代风采。

这些优秀精神品质一脉相承，熔铸成一笔宝贵的精神财富，代代相传，彰显了当代工人阶级的精神气质。

第三节　劳模精神的基本内涵

2016年4月26日，习近平总书记在知识分子、劳动模范、青年代表座谈会上指出："劳动模范是劳动群众的杰出代表，是最美的劳动者。劳动模范身上体现的'爱岗敬业、争创一流，艰苦奋斗、勇于创新，淡泊名利、甘于奉献'的劳模精神，是伟大时代精神的生动体现。我们要在全社会大力宣传劳动模范的先进事迹，号召全社会向他们学习、向他们致敬。"习近平总书记对劳模精神的高度赞扬为进一步弘扬劳模精神，在全社会形成尊重劳动、崇尚劳模、争当劳模的浓厚氛围提出了更高要求。学习践行劳模精神，就要深刻理解劳模精神的基本内涵，以劳模为榜样，立足本职做贡献。

一、爱岗敬业

爱岗敬业是爱岗与敬业的总称。爱岗，就是热爱自己的工作岗位，热爱自己的本职工作。敬业就是以极端负责的态度对待自己的工作。爱岗是敬业的前提，敬业是爱岗的升华。一个不爱岗的人做不到敬业；一个不敬业的人也做不到爱岗。只有脚踏实地、辛勤劳动，将爱岗与敬业有机结合在一起，才能在平凡岗位上作出不平凡的业绩。

（一）爱岗敬业就要热爱本职岗位

热爱自己的本职工作岗位，这是对人们工作态度的一种普遍要求。人生的大部分时间都是在工作中度过的，因此，工作岗位是实现人生价值的第一舞台。工作岗位没有高低贵贱之分，也没有价值大小之别，每个从业的劳动者，无论在哪个岗位、从事什么工作，都要热爱那份工作，珍惜自己的岗位。

2016年4月26日。习近平总书记在知识分子、劳动模范、青年代表座谈会上指出："劳动没有高低贵贱之分，任何一份职业都很光荣。广大劳动群众要立足本职岗位诚实劳动。无论从事什么劳动，都要干一行、爱一行、钻一行。在工厂车间，就要弘扬'工匠精神'，精心打磨每一个零部件，生产优质的产品。在田间地头，就要精心耕作，努力赢得丰收。在商场店铺，就要笑迎天下客，童叟无欺，提供优质服务。只要踏实劳动、勤勉劳动，在平凡岗位上也能干出不平凡的业绩。"当前，社会分工日趋细化，岗位竞争也日趋激烈，每个人都要珍惜自己的工作岗位，既然选择了这个岗位，就要做到干一行、爱一行，怀着极大的工作热情投入工作，并在工作实践中培养自己的工作兴趣，激发做好本职工作的积极性。

（二）爱岗敬业就要从小事做起

人生一世、草木一秋。在漫长的历史长河中，一个人的生命只不过是短暂一瞬。如何让生命过得更有意义和价值，是每个人穷其一生都在思考的问题。无论我们从事何种岗位，都要脚踏实地，从小事做起。不要眼高手低，不愿意做小事，大事也是从小事做起的。我们不一定能成为工作中力挽狂澜的主要角色，但我们可以做通往成功路上的一小块铺路石，汇聚成沧海的一滴水。只要我们愿意做小事，把小事做好，甘于做平凡的事，把平凡事做成，就能为实现社会发展、民族振兴作出自己应有的贡献。

（三）爱岗敬业就要提高能力素质

素质是立身之基，技能是立业之本。面对数字经济和互联网时代的到来，作为一名劳动者，要胜任本职工作，做到爱岗敬业，就必须学习新知识、掌握新技能，进一步提高自身的能力素质，具备与岗位相适应的能力水平。有了能力才能出色地完成任务，如果只有敬业的良好愿望，却没有敬业所需要的素质，敬业也就无从谈起。因此，强烈的敬业精神可以转化成为工作动力，在这一基础上，劳动者要充分调动自身主观能动性，在实践中学习、在学习中提高，逐步提升能力素质，更好地胜任本职工作。

> **延伸阅读**
>
> ## "做地铁信号最强大脑"的杨才胜
>
> 杨才胜，中共党员，高级技师，北京地铁通号分公司检修一项目部技术研发室主任。1980年杨才胜入职北京地铁通号段，经历了北京地铁信号系统固定闭塞、自动闭塞、移动闭塞的三代更迭。目前，北京地铁运营公司运营17条线路，里程

500多公里，日均客流量高达1200万人次。近四年间，北京地铁缩短发车间隔87次，多条线路实现2分钟间隔的国际领先水平。每一次间隔的缩短，信号系统作为地铁的大脑和中枢神经均起到至关重要的作用。为了让地铁的大脑和神经始终处于最健康的状态，杨才胜秉承"要做地铁信号最强大脑"的职业追求，恪守"我以我才胜担当"的人生格言，成为专治地铁"脑梗""神经迟滞"等疑难杂症的"信号神医"。他曾获得首都劳动奖章、国企楷模——北京榜样、首都最美劳动者、中华技能大奖、北京市劳动模范、全国劳动模范等荣誉称号，享受国务院政府特殊津贴，并领衔国家级"杨才胜技能大师工作室"。

"远程会诊"，望闻问切治杂症

2010年北京地铁1号线缩短运行间隔，进一步提升运力，然而刚开始运营时，信号系统频繁出现各种暂态故障。杨才胜凭借高超的技术，"远程会诊"望闻问切整治了诸多疑难杂症。

缩短运行间隔初期，1号线四惠东站列车折返时频繁出现紧急制动故障，每次故障都会造成全线列车晚点、人群聚集，极易发生踩踏事件。杨才胜查遍所有设备参数后均未发现异常。他受人体心脏检查"背浩特（holter）观察"方法的启发，带领团队连夜制作了一台"浩特"安装到列车上。数据显示所有故障全部指向一个点，这个点并不是四惠东站，而是远在30公里之外的古城站，这让所有人感到匪夷所思。他便跟车观察，发现列车在驶入古城站前有一个大弯道，由于离心力的作用，车尾测速电机插件误发出紧急制动指令而导致故障。多次验证后，列车优化了配线装置，四惠东站紧急制动故障再也没有发生过。类似这样的故障，杨才胜经历了许多，有八通线管庄15轨侧线引发列车急停故障，有5号线1/1700万数据导致的红光带故障等。这些年来，杨才胜处理了430余起急难险重的信号故障，确保了地铁运营安全，被称为网络化地铁的"信号神医"。

"厅堂坐诊"，辨证施治祛顽症

2008年北京地铁10号线一期开通，2013年10号线二期开通后形成环形，由于一期保修期过后厂商不再提供后续维修服务，部分车载板卡不能及时修复，以致多组列车停驶，严重影响了首都交通路网的正常运行。

在没有图纸、没有测试环境的情况下，杨才胜利用拼接典型电路的方式，在海量信息中寻找对应资料逐一拼接，成功还原了电原理图。他利用设备接口协议，反译核心软件，确保了系统修复后的安全等级。他凭借多年来练就的心手合一、手随心动、一气呵成的技艺，手握一把电烙铁，借助显微镜在数以万计的不足0.2mm的焊盘上拆解、焊接精密元器件，成功修复故障设备。几个月的时间里，他与时间赛跑，凭着不服输、不气馁、敢于挑战权威的勇气，破解了板卡自主维修遇到的技术壁垒，告别了因设备故障导致列车停驶的历史。

他曾经连续7天伏案修复英国进口、价值16万英镑的测速电机测试台，节约了3250多万元维修经费，为"畅通北京，让首都更美好"提供了强有力的技术支撑。

"带徒出诊"，中西结合除大患

2019年6月，地铁S1线已试运营但未交付北京地铁。作为北京首条、中国第二条中低速磁浮线路，试运营中信号设备故障频频发生，引发多起乘客摔伤的事故，引发了舆情，引起北京市领导高度重视。就在多方无奈之际，设备厂商通过地铁公司求助"杨才胜技能大师工作室"。杨才胜从未接触过S1磁浮设备，要在短时间破解也是一道难题。杨才胜带领徒弟急赴现场，勘查分析数据，他凭借多年的工作经验以及掌握的前沿科学技术，最终确认故障源自线路上的电磁干扰。他利用数据采集结合电路模拟仿真、现场编程，仅用30分钟就搭建起数据模型，成功获取消除干扰的设备参数，最终锁定并彻底消除了故障。

杨才胜带徒弟有自己的特点，他从不直接给出答案，而是耐心引导，直至徒弟们能够独立完成项目。这些年他带出了28名懂技术、有闯劲、敢担当的新一代地铁信号技能人才，遍布北京地铁所有线路，并在关键技术岗位上发挥着重要作用。

"健康体检"，研发处方克难关

北京地铁信号系统结构复杂、设备众多，由于信号系统是列车安全运行的重要保障，杨才胜特别重视这一工作，他带领团队针对信号系统的关键设备在运行和维护中发现痛点、研制方案、解决难题、填补技术空白。

"道岔"是轨道交通的重要转辙装置,"道岔在线监测"一直是业内难以攻克的难题。杨才胜首次利用光电传感器技术成功破解难题,建立了非接触式在线监测系统,填补了道岔监测的空白。这项发明于2019年获得国家专利。

列车速度编码里程计俗称"速度表",是为列车提供安全保障最为重要的基础数据,业内对它的测量一直以来都是采用旋转、动态中的方法,而这种测量方法缺乏稳定性。2019年杨才胜带领团队一改传统做法,利用微电子技术采用"快照抽取法",将动态测量成功变成静态测量,大大提高了测量精度。目前,此项专利正在申请中。

纵观杨才胜的技术研发历程,无不体现了这位国家级技能大师立足科技前沿的视野襟怀,破解地铁信号难题的研发能力和勇于变革创新的求索精神。他主持设计研发的包括JTC轨道电路数据采集分析系统在内的创新成果31项及自主开发AFC纸币模块主控板、钱箱支架板等电子板块10种均已得到推广应用。

从业40余年,杨才胜凭借"发愤图强、永不服输的钻研精神""敢闯敢试、勇攀高峰的创新精神"和"忠于职守、自觉担当的敬业精神",干中学,学中钻,钻中闯,为"交通强国"建设贡献了智慧和力量!

二、争创一流

争创一流是一种积极进取的工作状态，是一种奋发向上的精神风貌。有了争创一流的工作精神，就能够在本职岗位上充分发挥个人的主观能动性，瞄准既定工作目标，作出优异的工作成绩。

（一）瞄准一流的工作标准

唐太宗李世民在《帝苑》中说："取法于上，仅得其中；取法于中，故为其下。"意思是说，一个人制定了高目标，最后仍然有可能只达到中等水平。而如果制定了一个中等的目标，最后有可能只达到低等水平。古罗马政治家赛涅卡有句名言："如果一个人活着不知道他要驶向哪个码头，那么任何风都不会是顺风。有人活着没有任何目标，他们在世间行走，就像河中的一棵小草，他们不是走，而是随波逐流。"这都启示我们，做任何一项工作都要确立工作标准和目标。有了高标准，就有了提高工作水平和工作业绩的前提和条件。确立工作高标准，表面上看是个人行动上的要求，实际上是一个人思维的飞跃。如果没有工作的高标准，人就失去了方向目标，就没有奋发向上、积极进取的工作干劲，在工作中就会放松自己、安于现状、得过且过。遇到一点困难和挫折，就会放弃努力，徘徊不前。因此，一个人的人生定位不同，工作和生活的态度就不同，工作的成效自然也不同。只有胸怀远大目标，树立工作高标准，才能激发工作潜能，才能做到对工作精益求精，才能作出优异的工作成绩。

（二）保持一流的积极心态

一流的积极心态就是在工作生活中始终保持革命乐观主义精神，积极应对工作中出现的一切困难和问题，保持昂扬向上的良好精神风貌，主动出主意、想办法，努力完成工作任务，实现既定目标。日本小松油田的创始人小松昭夫说过："一个人的事业成功、生活幸福，只有15%是源于他们的专业知识或技巧，35%取决于人际关系、处世技巧，而最大的50%来源于人生哲学、正确观念、积极心态。"有了积极心态，我们才能把握并充分挖掘自己的潜能，实现人生的价值，才能扼住命运的喉咙，把挫折当音符，谱写出人生的激情赞歌。要保持奋发向上的积极心态，还要增强自信，克服自满。在人生的道路上，自信是一把宝剑，久经磨砺，锋芒毕露。自满是一副腐蚀剂，日积月累，锐气必钝。鲁迅先生也曾说过："不满是向上的车轮。"人类社会之所以能够不断发展进步，一个重要的推动力量就是这个向上的车轮。进取心是威力强大的引擎，是人类智慧的源泉，有了不满足现状的进取心，生命的航船才能够乘风破浪。有的人不能开拓进取，不是因为没有能力，而是因为没有足够的信心或勇气。一个没有奋进之心的人，往往自我束缚，自我埋没，永远不会得到成功的机会，永远也不会在工作领域内成为劳动模范。

（三）争创一流的工作成绩

确立了工作目标，有积极进取的工作精神，就要艰苦实干，争创一流的工作成绩。要围绕目标任务，分析研究工作中可能出现的困难和问题，找出解决问题的办法或途径，以只争朝夕的精神抓落实、创佳绩。现实生活中，有的人想干成事却干不成，究其原因，有的是没有目标跟着感觉走，有的是有了目标但没有行动，空喊口号，不见落实。要想创造一流的工作成绩，体现人生的价值，就必须争分夺秒做事，切忌今天推明天、明天推后天。在争创一流业绩的前进道路上，肯定会遇到各种困难和挫折。作为奋斗者，就要不畏困难，不怕挫折，不轻言放弃，相信功夫不负有心人。只要认真总结教训，找出问题的症结和原因，就一定能战胜困难，取得优异的工作成绩。

延伸阅读

大兴机场"塑骨"人——朱忠义

朱忠义，中共党员，研究生学历，北京市建筑设计研究院有限公司副总工程师。2000年，朱忠义博士毕业后，放弃了很多人梦寐以求的留校机会，来到北京市建筑设计研究院工作，一干就是20多年，先后负责了一系列大型建筑工程的设计工作，为国家建设作出了杰出的贡献。

勇挑重担，服务国家重大工程建设

北京大兴国际机场，是党中央、国务院决策建设的国家重大标志性工程，是展示中华民族伟大复兴的新国门。2015年初，朱忠义开始负责项目的结构设计工作。航站楼如凤凰展翅般的造型彰显了其结构之复杂,如何保证这个全球最大的航站楼在8级地震下的结构安全,如何以8根C形柱支撑起核心区18万平方米的大跨度结构,如何保证高铁从航站楼高速穿越时的结构安全及乘客舒适等,这些都给这个超级工程的设计带来了史无前例的挑战。朱忠义勇于担当,带领团队历经1800多个日夜奋战,攻坚克难,锐意创新,完美解决了这些关键技术问题,为航站楼2016年9月顺利开工和2019年9月如期竣工作出重大贡献。

2020年通过验收的500米口径球面射电望远镜(FAST),为世界最大、最灵敏的单口径射电望远镜,被誉为"中国天眼",是中华民族伟大复兴进程中的历史性辉煌成就,受到全世界的高度关注。朱忠义作为FAST主动反射面主体支承结构设计负责人,主持了其设计、科研及施工配套工作,创新了多项重要设计理念、方法及重大工程技术,有效解决了复杂山地环境巨型支承结构受力不均匀和主动变位的索网形态分析问题;优化了索网形态,大幅降低了索网内力;与合作方共同研发了索网连接节点、制作安装标准,实现了超高精度、可主动变位的反射面主体结构。相关设计和研究成果居于国际领先水平。朱忠义被评为"FAST工程建设突出贡献个人",所在单位获得"FAST工程建设突出贡献单位"和"贵州省五一劳动奖状"等荣誉称号。

朱忠义还参加了其他20余项重点工程的设计工作,以实际行动践行服务国家建设的初心。其中,国家速滑馆是2022

年北京冬奥会唯一的新建场馆，朱忠义全程参与速滑馆结构体系、分析方法、节点构造及建造方法的设计和研究，为项目安全和顺利建造保驾护航；国家重大科技基础设施——中国科学院中微子探测器，建造于广东江门地下700米岩石深处，是世界上最大的中微子探测器，朱忠义攻克了全球最大不锈钢网壳体系、构件设计以及节点连接的难题，为国家科技创新发展提供了坚实的保障；汶川地震时最大的抗震救灾中心——绵阳九洲体育馆，当时的抗震设防烈度仅为6级。朱忠义承担了场馆防震设计工作，他坚持对人民利益高度负责原则，强化防灾设计理念，采用国际先进的设计方法，大幅提高了建筑的整体安全性，九洲体育馆经受住了强震考验，成为大灾之际的"诺亚方舟"，为抗震救灾发挥了重要作用，产生了巨大社会效益。

勇于创新，科技进步

朱忠义始终把科技创新作为使命与担当，奋力带领团队进行科研攻关，提出大跨度结构系列新体系及设计新方法、多目标位形的索网形态分析理论、大跨度结构隔震技术等创新成果，发表学术论文120余篇，取得27项发明专利，有效解决了工程建设的关键问题，极大推动了行业技术进步，创造了显著的社会效益和经济效益。相关成果获得2019年国家科技进步奖二等奖（第一完成人）。

朱忠义的创新成果赢得了国际同行的高度认可。在第14

届国际隔震减震与结构振动控制大会上，国际减震协会创始主席A.Martelli教授在大会主题报告中将朱忠义负责设计的昆明机场列为隔震技术最先进的发展与应用案例。此外，他负责的项目还获得国际桥梁与结构工程协会（IABSE）杰出结构大奖和英国结构工程师学会（ISE）杰出结构奖等国际奖项，提高了我国在国际工程界的地位和影响力。鉴于他取得的突出科技成就，他荣获"科学中国人（2018年）年度人物"称号。

锐意进取，积极开拓海外市场

为践行国家"一带一路"倡议，朱忠义带领团队积极拓展国际市场，赢得多个国际项目的设计合同。卡塔尔卢赛尔体育场是2022年世界杯足球赛的主体育场，固定座席94600座，规模超过鸟巢，具有广泛的国际影响。在与德、法、英等国的同行竞争中，朱忠义率领中国团队以技术优势获得设计资格，负责最复杂的钢结构设计。该项目是中国工程师参与设计的最具影响力的国际建筑项目，在欧美建筑设计事务所占据主导地位的海外市场上，为中国创造赢得了国际声誉。

砥砺前行，牺牲小家顾大家

朱忠义始终把国家需要作为自己的责任，全身心投入到工程建设中。2015年到2019年间，他参与的中国"天眼"、大兴国际机场、国家速滑馆及卡塔尔项目的设计和施工交叉进行，工作非常繁忙。他每天工作到深夜，没有假期没有周末是他的生活常态。他觉得自己最亏欠的是年逾古稀的老母亲，在大兴国际机场设计期间，母亲生病，他却因为工作繁忙而无法照顾。

每当说起2004年首都机场T3航站楼建设期间母亲患病的事，他的声音更是几度哽咽。在航站楼建设最紧张的时期，他常驻现场，经常一待就是两三个月。一次，他妻子接婆婆从山东老家来北京检查身体，担心影响他工作，就没有告诉他。母亲检查身体后，在北京住了近一个月，回山东前想见儿子，妻子带着婆婆乘大巴来到现场。看到母亲突然来到现场，他百感交集："妈，您怎么来了？"母亲心疼又无奈地说："我来北京快一个月了，一面都没见上你，你回不去，我来看看你。"母亲又接着说："孩子，好好工作，作出成绩，回报国家的培养，这就是我的最大心愿。"此情此景，怎不让人感慨。朱忠义说："这么多年，我深深体会到，家人的理解、支持，是我做好工作的保障！母亲的叮嘱，更是我做好工作的最大动力！"在他身上，处处体现着一名共产党员服务国家、甘于奉献的精神。

三、艰苦奋斗

艰苦奋斗是一种精神追求、工作作风和生活态度，基本内涵是为实现既定目标而勇于克服艰难险阻，始终保持顽强斗志、坚韧不拔、奋发图强的精神品质。

（一）艰苦奋斗是党的优良传统

中国共产党党史就是一部艰苦奋斗史。新民主主义革命时期，中国革命斗争之所以能够取得一个又一个胜利、战胜一个又一个敌人，很重要的一个原因，就是中国共产党一直保持着艰苦奋斗的精神。社会主义建设时期，党继续强调艰苦奋斗的重要性。毛泽东提出，"艰苦奋斗是我们党的政治本色"。改革开放和社会主义现代化建设进程中，党带领人民以艰苦卓绝的努力奋斗，完成了一个又一个"不可能"，创造了一个又一个发展奇迹。邓小平认为，"我们必须恢复和发扬党的艰苦朴素、密切联系群众的优良传统"。江泽民提出，"经济越是发展，物质生活条件越是改善，共产党员尤其是领导干部就越要发扬艰苦奋斗精神，越要诚心诚意为人民谋利益"。胡锦涛指出，"即便是我们的经济发展了，国家富强了，人民富裕了，也仍然要保持和发扬艰苦奋斗的优良作风"。

党的十八大以来，以习近平同志为核心的党中央坚持和发扬艰苦奋斗精神，把能不能坚守艰苦奋斗精神作为关系党和人民事业兴衰成败的大事。习近平总书记多次强调努力践行艰苦奋斗精神的重要性，他指出，"奋斗是艰辛的，艰难困苦、玉汝于成，没有艰辛就不是真正的奋斗，我们要勇于在艰苦奋斗中净化灵魂、磨砺意志、坚定信念"，并强调要"把艰苦奋斗精神一代一代传承下去"。

党的十九大报告指出，中国共产党人的初心和使命，就是为中国人民谋幸福，为中华民族谋复兴。今天，我们比历史上任何时期都更接近、更有信心和能力实现中华民族伟大复兴的目标。但是，要实现中华民族的伟大复兴绝不会一帆风顺，我国发展面临的国际国内环境发生了深刻复杂的变化，更加需要弘扬共产党人艰苦奋斗的精神，才能把实现中华民族伟大复兴中国梦的伟大目标变为现实。

2019年3月5日，习近平总书记参加十三届全国人大二次会议内蒙古代表团审议时强调，过去我们党靠艰苦奋斗、勤俭节约不断成就伟业，现在我们仍然要用这样的思想来指导工作。吃不穷、穿不穷，计划不到一世穷。党和政府带头过紧日子，目的是为老百姓过好日子，这是我们党的宗旨和性质所决定的。不论我们国家发展到什么水平，不论人民生活改善到什么地步，艰苦奋斗、勤俭节约的思想永远不能丢。艰苦奋斗、勤俭节约，不仅是我们一路走来、发展壮大的重要保证，也是我们继往开来、再创辉煌的重要保证。[1]

2022年10月，习近平总书记在党的二十大报告中强调，全党同志"务必谦虚谨慎、艰苦奋斗"。在瞻仰延安革命纪念地时，习近平总书记指出，"全党同志要大力弘扬自力更生、艰苦奋斗精神，无论我们将来物质生活多么丰富，自力更生、艰苦奋斗的精神一定不能丢"。我们必须谨记习近平总书记的重要指示，继承和发扬艰苦奋斗的光荣革命传统和优良作风，脚踏实地、苦干实干，集中精力办好自己的事情，把国家和民族发展放在自己力量的基点上。

---

[1] http://www.xinhuanet.com/politics/2019lh/2019-03/05/c_1124197105.htm。

（二）艰苦奋斗的本质是进取，核心是奋斗

"天行健，君子以自强不息；地势坤，君子以厚德载物。"自强不息、积极争取，是中华民族生生不息的精神支柱，是中国工人阶级的伟大品格，是公民道德规范的重要内容，也是艰苦奋斗的本质特征，更是个人成功的力量源泉。推动社会发展进步的人，并不是那些严格意义上的天才，而是那些积极进取并埋头苦干的人；工作取得卓越成绩的人，不是那些智力过人、才华横溢的超人，而是那些不论在哪一个行业都勤勤恳恳、发愤图强的人。现实生活中，越是远大的目标，越是宏伟的志向，可能遇到的困难和障碍越多，更需要全身心投入，持之以恒奋斗。具备并保持这种工作精神或状态，即使历经坎坷，也会不畏艰难险阻，始终百折不挠地奋斗，最终创造非凡工作业绩，实现人生价值。

（三）艰苦奋斗是人生成功的必经之路

不经一番寒彻骨，怎得梅花扑鼻香。法国作家大仲马说，"艰苦是一把锋利的雕刀，时刻都在雕琢着人们的灵魂"。从这个意义上讲，艰苦既是考验人的试剂，也是磨炼人的良师。一个没有吃苦精神的人，在任何岗位上都将一事无成。成功永远属于那些愿意吃苦、勇于拼搏的人。吃苦既是一种经历，更是一笔财富。我国著名教育家徐特立老先生说过，"一个人有了远大理想。就是在最艰苦困难的时候，也会感到幸福"。只要我们树立远大理想，做好吃苦准备，就能够苦中有乐，以苦为荣，把工作当成事业，把岗位看做责任，在平凡岗位上作出不平凡的贡献。

> 延伸阅读

"住在云中的气象人"——韩文兴

佛爷顶国家气象观测站地处延庆区北部,海拔高达1224.7米,气候条件恶劣,属三类艰苦气象站。但其地理位置极其重要,它既是一个预报指标站,又为气象科研工作提供重要依托。

韩文兴从1992年开始就来到了佛爷顶,当时站上只有两位地面观测员,一般每隔15天互相换一次班,每天除了正常的观测、维护任务,还得自己做饭解决伙食问题,到冬天还要自己烧锅炉取暖。刚参加工作的前三年,上山的公路没有修好,韩文兴都是从家骑车到山下,他家距离佛爷顶站有20余公里,上班像出远门似的,穿的、吃的、喝的带一大包。他一路骑车到达山脚,将自行车存在一间黑顶的小平房内,然后爬上山。山的西南侧有一条沟渠般的小道,两旁布满山石,稍有不慎就可能坠山。从山脚到山顶大约12公里,韩文兴要爬三个小时。当时观测站只有三间破瓦房,冬天透风,夏天漏雨,生活用水存放在四个大水缸里,还得省着用,衣服都要拿回家洗。到了冬天,老鼠会因为冷而钻到人的被窝里,有几次夜里他都被胳肢窝里的老鼠吓得一骨碌爬起来。

1993年的一个雨天,天空中闪电一道又一道划过,雷声隆隆,避雷针被打得通红。观测时间就要到了,韩文兴看看天，咬了咬牙，披上雨衣冲进了观测区。此时，一道闪电击中了他身边不足三米处的一个百叶箱——他甚至闻到一股烧焦的味道，手中的铅笔也"啪"地掉在了地上。惊魂未定的韩文兴连忙捡起笔来，强撑着完成了数据记录。回到屋里，与死神擦肩而过的韩文兴瘫坐在床上，好久才缓过神来。2012年11月3日，延庆区遭遇了近60年来的大暴雪，雪深高达半米。这一天正巧是韩文兴的班。15时，佛爷顶上雪花飘落。"开始下雪了。"他第一时间向市气象局会商室汇报。17时许，观测场内，四周几乎全白了。"能见范围有一半以上被雪覆盖，就要测雪深。"他拿出量雪尺，插到雪地里，雪深3.5厘米。3个小时后，雪深9厘米。4日早晨5时30分，韩文兴被雪光晃醒。急着观测数据的他，一把抓起军大衣就往外冲。一推门，竟没推动。他便用肩膀撞开门，才看到积雪几乎堵住半扇门。一脚踩下去，积雪已到大腿根儿。他拿出铁锹，一点一点开路，一步一步拔腿前行。从"山顶小屋"到观测站，平时一分钟不到的路，那天他走了15分钟。翻开那天的工作日志，竟有六段气象数据记录，比平时多了一倍。

选择做一名气象观测员，韩文兴从未后悔，但对家人，他却怀着深深的愧疚。1998年11月，母亲突发脑出血住进了医院，医院下了病危通知书。当时，韩文兴刚上山值班，观测站人手紧张，没有人可以替换，他只好给哥哥打电话："哥，好好照顾妈，等有人替班，我马上回去。"母亲的病情牵动着韩文兴的心，但是观测站的工作关系到整个北京市的天气预报是否准确，远比家事更重要。等韩文兴下山时，母亲已经住院十多天了。看着母亲苍白的脸庞，听着父亲的责骂，韩文兴只能紧紧地抓住母亲的手，默默地流泪。

同山上的艰苦条件比，最难挨的还是漫长的寂寞。一个原本活泼开朗的小伙子硬是被封闭得连说话都困难，他的婚事也因此被耽搁下来，直到31岁才成家。韩文兴说："实在难受了，就对着大山喊几声，心里多少会舒坦点。值班时，每天我都会对着镜子为自己加油，大声说三遍，'韩文兴，坚持住，你能行！'"

在世园会和冬奥会申办、筹办和举办气象服务保障中，韩文兴积极主动地承担起气象监测任务，"承担这么高级别的活动要比平时更加细心，一点错误也不能出"。他也确实以自己的严谨认真默默地奉献和努力着。

韩文兴的事迹被《北京日报》《中国气象报》以及多家媒体报道，他先后获得"感动延庆"十大人物、"抗击'11·3'特大暴雪灾害先进个人"、首都精神文明建设奖、第三届"北京三农新闻人物"候选人、北京市先进工作者等荣誉称号。就这样，30多年来韩文兴与风雨相伴，与雷电搏击，无怨无悔地为气象事业默默地奉献着自己的青春年华。

四、勇于创新

2013年10月21日，习近平总书记在欧美同学会成立100周年庆祝大会上指出，"创新是一个民族进步的灵魂，是一个国家兴旺发达的不竭动力,也是中华民族最深沉的民族禀赋。在激烈的国际竞争中,惟创新者进,惟创新者强,惟创新者胜"。大力弘扬劳模精神,就是要以劳模为榜样,以勇于创新的实际行动,书写灿烂的人生篇章。

(一)勇于创新是时代发展的紧迫需要

党的十八大以来,习近平总书记把创新摆在国家发展全局的核心位置,高度重视创新发展,提出一系列新思想、新论断、新要求。2015年10月,习近平总书记在党的十八届五中全会第二次全体会议上指出,"我们必须把创新作为引领发展的第一动力,把人才作为支撑发展的第一资源,把创新摆在国家发展全局的核心位置,不断推进理论创新、制度创新、科技创新、文化创新等方面创新,让创新贯穿党和国家一切工作中,让创新在全社会蔚然成风"[1]。多年来,工人阶级和广大劳动者,坚持面向世界科技前沿、面向经济建设主战场、面向人民美好生活的需求,以时不我待的精神,勇于创新,取得重大科技成果,彰显了中国制造、中国创造的大国国威。当今世界正经历百年未有之大变局,给我国的高质量发展带来了严峻的挑战。我国"十四五"规划和全面建成社会主义现代化强国的第二个百年奋斗目标,对创新尤其是科技创新提出了更高、更迫切的要求。我国经济发展和民生改善,比过去任何时候都更加需要创新,更加呼唤创新发展。特别是在激烈的国际竞争面

---

[1]《在党的十八届五中全会第二次全体会议上的讲话(节选)》(2015年10月29日),《求是》杂志2016年第1期。

前，在单边主义、保护主义上升的大背景下，我们要屹立于世界的东方，进一步扩大中国在世界上的影响力，跟上世界科技发展的步伐，就必须勇于创新，敢为人先，争做重大科技成果的创造者、建设科技强国的奉献者、立足本职开拓创新的践行者。

（二）勇于创新是对新时代劳动者的基本要求

2020年11月24日，习近平总书记在全国劳动模范和先进工作者表彰大会上发表重要讲话，他指出："增强创新意识、培养创新思维，展示锐意创新的勇气、敢为人先的锐气、蓬勃向上的朝气。"这是习近平总书记对新时代劳动者提出的创新要求，也是我们大力弘扬劳模精神的重要指引。

首先，要强化创新意识。创新意识是人类意识活动中一种积极的、富有成效性的表现形式，是人们进行创造活动的出发点和内在动力，是创新的愿望和动机。作为一名劳动者，强化创新意识，就要培养自己发现好奇、发明创造的创新意识，敢于突破、敢于扬弃、求新求变。其次，主动养成创新思维。不能认为创新是科技人员的事，与自己关系不大；不能认为只要干好自己的分内工作就行，搞不搞创新无所谓；更不能以自己工作忙、压力大为借口，对创新置之不理。这种墨守成规、瞻前顾后、不思进取、与己无关的心理，不仅影响个人的成长进步，而且还会制约组织的创新发展。我们必须认识到，凡事都有一个由小到大、由量变到质变的过程，创新也是一样。在工作实践中，创新时时可为、处处可为，只要我们树立强烈的创新思维，平凡岗位就是创新的平台。

（三）勇于创新就要立足本职岗位

我国现代教育家陶行知在《创造宣言》中提道，"处处是创造之地，天天是创造之时，人人是创造之人"。职工是企业的创新主体，岗位是个人创新的平台。能否充分尊重和发挥企业职工在创新中的作用，是衡量一个企业是否有活力、有竞争力、有创造力的标志。能否在工作中注重创新，也是判断一个职工能力强弱的重要内容。作为一名劳动者，创新并不是高不可攀的，创新就在我们身边，在我们平凡的工作中。我们将工程师设计的图纸变成现成的产品，其实就是一个再创造的过程。岗位创新不分你我，只要我们爱岗位、勤动脑、肯钻研、有毅力，同样可以进行创造创新。只要我们在工作岗位上不断学习、留心观察、积极思考、总结经验，创新的机遇就会出现，创新的点子就会层出不穷。

延伸阅读

守护北京"碧水蓝天"的刘保献

他勤学苦练，十余年百万环境监测数据"零"失误；他精于钻研，牵头制定多项国家环保标准；他勇挑重担，在全国率先发布PM2.5源解析结果；他攻坚克难，建成首个街道乡镇空气质量监测网络……他一步一个脚印，用实际行动践行着环保人的"工匠精神"，用监测数据守护着首都的"碧水蓝天"。他就是荣获2020年"全国先进工作者"称号的北京市生态环境检测中心主任刘保献。

从萌新小白到岗位能手

2008年，刘保献离开象牙塔，来到监测中心分析实验室工作。虽然所学专业对口，但他深知要想成为一名优秀的环境监测人，路还很长。白天，完成业务工作之余，他孜孜不倦地锻炼"稳准精"的操作手法，经常在实验室一个动作一练就是一天；晚上，翻着床头环境监测类各种书籍，头脑风暴式地补充环境监测理论知识。功夫不负有心人，在一年后的第一届北京市环境监测专业技术人员大比武中，他勇夺冠军，成为一名优秀的专业技术能手。

数据质量前的近乎苛刻

2015年，刘保献调动到自动监测岗位。为进一步提高PM2.5监测数据准确性，他带领团队对自动监测质保质控工作展开研究，优化了仪器设备，对设备安装托盘进行防震加固，重新设计一体式安装法兰；组建了全国第一个手工基准监测网，使北京市的自动监测方法性能由0.97提升到0.99，达到了国际标准的要求限值。他用实际行动告诉质疑者：北京的数据无可挑剔。

急难险重前尽显担当本色

2016年，为解决大气污染治理精准监管的问题，刘保献带领团队再次起航，自主研发并构建了首个基于认知计算及物联网技术的高密度空气质量监测网络，编纂了全国首个PM2.5网格化监测技术指南。短短半年时间，刘保献跑遍全市几百个街道乡镇，完成1000余个监测站点建设，推进本市街道乡镇大气颗粒物监测网络落地应用。

2019年国庆70周年庆祝活动前夕，刘保献坚守大气监测一线，带领团队提前30天准确预测污染过程，提前2天提供国庆节当天精准逐时浓度预报结果。2020年春发生新冠疫情，刘保献结束除夕夜班就投入一线，第一时间完成了《应对新型冠状病毒感染的肺炎疫情生态环境监测防护工作指南》，组建了疫情防控生态环境应急监测队伍，组织完成了疫情防控期间的多项环境现场监测工作。

过硬的专业技能、严谨的工作态度、忘我的工作热情、敢为人先的工作魄力，刘保献以实际行动弘扬劳动最光荣、劳动最崇高、劳动最伟大、劳动最美丽的社会风尚，为打赢污染防治攻坚战，守护北京的碧水蓝天贡献着自己的青春力量。

五、淡泊名利

淡泊名利是中华民族的传统美德，是为人处世的崇高境界。许许多多的劳动模范，几十年如一日，在平凡的工作岗位上，脚踏实地、默默奉献，为国家和社会贡献着自己应有的力量。现代社会，到处充溢着炫人耳目的名利和诱惑，人们的价值观也呈现复杂多元化，学习践行劳模精神，就要学习他们淡泊明志、宁静致远的优秀品格，用高尚的理想和情操，充实自己的精神世界，努力实现人生价值。

（一）淡泊名利就要保持平常心态

在价值多元化的当今社会，一些人受到拜金主义、享乐主义等腐朽思想的影响，人生观、价值观被扭曲，认为只有获得名誉、金钱或地位才是成功的象征，否则就是无能的表现。因此，能够在物欲横流的现实中保持一颗平常心并非易事。面对名利得失，关键在于自己以什么样的心态去对待。这就要求我们将私欲控制在法纪制度、良心道德允许的范围之内，重事业淡名利，重知足轻奢求，重奉献不索取，放下功利思想，集中精力于本职工作，自觉经受住名利得失的考验，始终保持高尚的人格，这样才能在建功新时代的伟大事业中实现人生理想。

（二）淡泊名利就要做到慎独慎微

慎独是指一个人独处时能够做到谨慎不苟，即使在别人看不到的情况下，也能洁身自好、问心无愧。慎微就是慎小事、慎小节，从小事做起，警钟长鸣，防微杜渐。翻开受表彰的全国劳动模范的成长历史，无一不是慎独慎微的楷模，他们身上所体现的慎独慎微的情操和修养、坦荡和自律，永远值得我们学习。慎独慎微要做到严于律己。我国自古就有"若安天下，必须先正其身""见贤思齐、见不贤而内自省"的传统和古训。这些传统和古训启示引导人们要择善而从、严于律己。现实生活中，众目睽睽之下谨言慎行并不难,难的是在没有监督的情况下也能做到自重自爱。能否做到这一点,是检验一个人道德情操的关键。慎独慎微要做到注重小节。个人习惯和生活爱好看似小事,实际上反映出一个人的品德和修养。细节决定成败,小事能成大事也能坏大事。任何事情都是从量变积累到质变的,"不虑于微,始贻于大;不防于小,终亏大德"。小事不努力,大事难完成。只有把一件件小事做好,才能干出大事业。能够在小事上谨言慎行,个人的品德才更能得到体现。

(三)淡泊名利就要知足常乐

知足是指在生活需求和名利得失上要知道满足,没有过分的期求,"知足常足,终身不辱"。知足是一种美德,知足的人常常能感到满足,一辈子都不会因为欲望太强烈而辱没自己。劳动模范之所以能够取得事业上的成功,赢得人们的敬重,就是因为他们始终把事业看得很重,把名利看得很淡。他们一开始并没有抱着获得多大名利的目的去工作,而是以为人民服务的高尚思想为引导,热爱且专注于自己的工作。即使是获得名利之后,他们还是保持一如既往的平常心态,一如既往地从事平凡工作。作为普通的劳动者,我们就应该像劳动模范那样,在个人利益得失面前,站得高一些,看得远一些,始终保持一种知足心理,时刻把党的事业、人民的利益放在高于一切的位置。这样,就会对待名利多一份淡定,对待诱惑多一份坚毅,对待得失多一份从容。

北京公共交通控股(集团)有限公司第四客运分公司第一车队驾驶员常洪霞,从事公交驾驶20年,安全行车近50万公里。总结出"一静、二稳、三让、四要"安全行车法，提出"十心实意"服务法，在车上设立"暖心箱"等，真正做到"想乘客之所想，急乘客之所急"。入行20多年来，她依然日复一日、一点一滴地努力，保持着那份对"初心"的热情与坚守，保持着重事业淡名利的情怀，在工作岗位上默默地服务好每一名乘客。她说，"看着乘客满意的微笑，或者对我说的一句'谢谢'，还有通过车窗看到城市的变化，这可能是作为公交人才能体会到的幸福。"2020年11月，常洪霞荣获"全国劳动模范"称号。

> **延伸阅读**
>
> ## 垃圾清运一线默默奉献的李国栋
>
> 李国栋是北京固废物流有限公司清运一中心驾驶员班长，1996年他进入环卫集团工作。作为一名普通的环卫汽车驾驶员，李国栋在垃圾清运一线岗位一待就是二十多年，累计安全行驶100多万公里，清运垃圾23万多吨，一直保持零事故。先后参加了中华人民共和国成立50、60、70周年大庆、抗击"非典"、奥运盛会、"9·3阅兵"等重大活动环卫保障工作，先后被评为环卫集团的先进生产者、北京市劳模、北京市"文明之星"、北京市"青年岗位能手"等，2017年还当选了中国共产党第十九次全国代表大会代表，2020年荣获全国劳动模范称号。
>
> 1996年，刚刚从承德市农业机械化技术学校中专毕业的李

国栋，正赶上北京环卫局与县里签订扶贫协议，到他所在的学校招工，他当即决定要到首都北京闯一闯。就这样，带着从学校学到的汽车修理与运用的专业知识，李国栋投身到北京的环卫事业中。在日常工作中，李国栋兢兢业业，任劳任怨，勇于创新，用自己的实际行动诠释着"时传祥精神"的全部含义，彰显着京环人的奉献精神。他每天驾驶着清洁车穿梭于首都的大街小巷，以精湛的技术及文明举止服务于京城的千家万户，赢得了市民、客户、公司领导及职工的一致好评。

1996年7月李国栋加入中国共产党，他时刻以一个共产党员的标准严格要求自己。作为一线环卫驾驶员，无论是平日还是过节，工作都特别繁重。就拿春节来说，李国栋要负责龙潭湖庙会的垃圾清运工作，别人出来游玩的时候，却是他最忙的时候。庙会的垃圾清运不能太早进场，通常要等到下午五点半游人游园结束后，他才能带领班组来到公园，进行垃圾的收集运输。"虽说是闭园了，但还有游客没有出园。开车时，如果前方遇到游客，要把车开到最慢，跟在游客身后行驶，不能按喇叭催促。"正是这样的文明行驶，受到了游客和公园管理人员的高度赞扬。

工作中不断创新是李国栋的不断追求。他经常利用空余时间加强业务理论知识学习，充实自己，在工作中遇到一些难题一时搞不懂时，他就跑到图书馆查找资料。由于他虚心学习，刻苦钻研，勇于实践，在生产中解决了不少技术难题。

李国栋担任单压班班长多年，积累了丰富的班组管理经验。他加强制度管理，注重协调和创新，从班组的实际情况出发，主持完善了相关规章制度和操作规程，细化了《压缩车单臂吊操作规程》，使职工操作有章可循，实现考核的公平、公正。作为班长，他善于总结寻找工作中的不足及解决办法，每年都为公司提出合理化建议。他认真做好车辆的"三检"工作，使车辆处于良好的技术状态，为安全行车提供了坚强有力的保障，为顺利完成任务打下了良好的基础。

单臂吊班是全中心任务最重、工作时间最长的一个班组，主要负责崇文区地段生活垃圾和北京12个污水处理厂的浮渣清运工作。作为班长的李国栋处处以身作则，主动承担污水处理场渣、砂的清运工作，做到了24小时为客户提供优质服务。2008年，单臂吊班荣获全国安康杯竞赛先进班组的称号。

不论是每天固定的生产工作任务，还是参加北京市各项重大环卫服务保障任务，李国栋都冲锋在前，发挥着先锋模范带头作用。有一年北京遭遇特大暴雨，使清河、高碑店、小红门、吴家村等地污水场告急，大量的污泥、垃圾随着雨水流进处理厂，如果不及时清运，就会导致市政排水管道堵塞，后果不堪设想。接到紧急电话后李国栋立即出发，驾驶着垃圾车在道路上飞驰。那一夜，他一个人清运了浮渣15车，共70多吨。那次抢运任务，他带领同事们连续奋战了整整36个小时，刷新了清运垃圾最多、连续工作时间最长的两个纪录。李国栋还利用自己的空闲时间，帮助新来的同事检查清洗车辆，传授安全行车经验，帮助他们提高驾驶技能，

> 使班里的整体工作得到了很大的提升。从业二十多年来，李国栋刻苦学习技术，工作中积极肯干，在脏、苦、累的清运垃圾岗位上，规范服务，文明行车，注重细节，立足岗位将工作做到位；他从点滴中做起，无私奉献，将服务做到家，并以自己的实际行动影响着别人，带动着大家，为北京环卫的发展贡献自己的力量。

六、甘于奉献

奉献精神是人类社会文明进步的重要标志，是人类最纯洁、最高尚、最伟大的精神。甘于奉献是共产党人理想信念的集中体现，是劳动模范永恒不变的本质特征。

（一）甘于奉献是中华民族的传统美德

在中华民族5000多年的历史长河中，许多仁人志士、英雄豪杰，都把为国为民无私奉献当作其人生最崇高的理想和事业。诸葛亮"鞠躬尽瘁，死而后已"，铸就了流芳千古的名篇；范仲淹"先天下之忧而忧，后天下之乐而乐"，宽阔了无数人的胸怀；文天祥"人生自古谁无死，留取丹心照汗青"，谱写了传诵至今的正气之歌；林则徐"苟利国家生死以，岂因祸福避趋之"，演绎了中华民族的千古绝唱；孙中山倡导的"天下为公"，激励着无数仁人志士奋斗不息；毛泽东号召"完全彻底为人民服务"，成为中国共产党的根本宗旨；习近平面对外国政要提问，铿锵有力地说出

"我将无我，不负人民"这一直击人心的赤诚奉献宣言，体现了共产党人为民初心的崇高境界。

（二）甘于奉献是共产党人的政治本色

中国共产党建党100多年来，无数共产党人为了民族的独立，为了人类的解放，为了人民的幸福，前赴后继，舍生忘死。他们将淡泊名利、甘于奉献的精神发扬光大。战争年代，面对血雨腥风，面对枪林弹雨，无数共产党人大义凛然，视死如归；中华人民共和国成立后，面对百废待兴、一穷二白的国家，无数共产党人埋头苦干，艰苦创业；改革开放时期，面对形式复杂的诱惑，面对名利金钱，无数共产党人拒腐蚀永不沾，立足岗位做奉献；进入新时代，无数共产党员毅然以"无我"的使命感，攻坚克难，不断创造出辉煌的业绩。可以说，中国共产党百年史是无数淡泊名利、甘于奉献的共产党人铸就的不忘初心、牢记使命的奋斗史。

（三）甘于奉献是劳动模范的高尚品格

每一名劳模都是在自己的岗位上默默付出、乐于奉献的典型。北京市怀柔区中榆树店村党支部书记、村委会主任彭兴利，1989年开始担任村书记、主任，至今连选连任村委会主任11届，连选连任村党支部书记10届。三十多年间，只有小学三年级文化程度的彭兴利在工作中舍小家为大家，默默付出，甘于奉献，带领全村搞玉米制种植、壮大肉牛养殖、做强乡村旅游，让一穷二白的中榆树店村脱旧貌、展新颜，带着素有北京"北极村"之称的贫困落后的中榆树店村，跨入远近闻名的新农村、文明村、小康村。彭兴利总戴着一顶草帽忙碌在田间地头、穿梭于大街小巷，由此被村民亲切地称为"草帽书记"。原北京市委书记蔡奇到怀柔调研时曾称赞"草帽书记"是先人后己的"领头雁"，赞誉他是"沟门三宝"之一。他先后被评为北京市劳动模范和全国农业劳动模范，并于2018年受到了习近平总书记的亲切接见。

北京市通州区玉桥街道玉桥东里社区党总支书记杨平，在社区工作近二十年来，无私奉献，服从组织安排，从不讨价还价，在平凡岗位作出不平凡业绩，带领社区不断发展前行。她开辟了社会治理新道路，创建了玉东新文化，创新了社区新理念，打造了特色新品牌。在平时的工作中，杨平经常带领同志们发扬"5+2""白加黑"的工作精神，累计138天存休，连续4年没有休过一天年假。自2020年1月23日抗疫的"号角"吹响后，在短短30分钟之内，杨平将玉桥东里社区全体社工集结完毕，打造出真正的"玉东速度"。

> **延伸阅读**
>
> ## "一生只做环卫人"的蔡凤辉
>
> 蔡凤辉现任北京环卫集团环卫服务有限公司天安门人工保洁班班长。从事环卫工作二十多年来，分别荣获北京市"三八"红旗奖章，全国"巾帼建功"标兵，全国五一劳动奖章，"国企榜样"优秀人员，全国劳动模范等称号。其事迹多次被中央电视台、北京电视台、江苏卫视等多家媒体宣传报

道。2018年在中国劳动关系学院劳模本科班学习期间，蔡凤辉和同学们一起给习近平总书记写了一封信，得到了习近平总书记的亲笔回信，令她备受鼓舞，极大增强了她的工作热情。2022年10月，她作为党的二十大代表光荣参加党的二十大会议，更加坚定了她用劳动书写精彩、用奋斗成就未来的信心。

兢兢业业，为祖国"心脏保洁"

2012年以前，天安门保洁班负责广场和周边的垃圾捡拾、果皮箱清洁和垃圾清运等日常保洁工作，全部人员都是走着用笤帚和簸箕清理地面，工作量非常大。那时候工作一天下来，队员脚板磨得全是泡，走路一拐一拐的。经常有人围观并开玩笑地说"怎么弄来一群瘸子啊"。听到这有些讽刺的话，蔡凤辉的心里很不是滋味。正巧有一天她去广外医院看望病人，在路上看到一辆电动三轮车，她想这种三轮车放到天安门当保洁车不也挺好看吗？抱着学习借鉴的心态，她和驾驶员聊了不少关于电动车的工作原理，拍下照片，定制和改善适用天安门保洁作业的专业代步车。考虑到保洁员习惯右手扶把，左手用夹子捡拾垃圾，她建议把行车制动统一设计安装到右手侧。经过改良的电动车，安全系数提高了，并且还为电动车安装了后垃圾筐，增加了垃圾装载量，她将自己的设计建议报给了技术部，如法炮制并稍加改良。当环保的电动保洁车出现在天安门广场时，保洁员们有了先进的工具，以前五分钟的路程，现在一分钟就能达到，劳动效率提升80%以上。

在天安门广场做保洁，最令蔡凤辉她们头疼的是清理大面积的"口香糖污渍"，当时保洁队自编一首打油诗："口香糖是个大难题，一块一块趴地皮，冬天硬了铲不动，夏天黏糊乳胶泥。"面对困难，蔡凤辉带领团队共同摸索解决的方法，通过实践，用钢丝刷头安装在手持电钻上，在口香糖污渍上洒水软化再进行清理，成功地去除了口香糖污渍，又保证不损伤大理石地面。她把这个方法推广开来，用铲刀和自制电动钢刷解决了天安门地区多年的口香糖清理难题，带领员工用两个月时间清理掉28万平方米的口香糖共50多公斤，使整个天安门广场焕然一新，中外游客为她们竖起了大拇指，多家媒体也争相报道她们的创新工作。

大国小家，自古忠孝难两全

特殊的岗位就应该有特殊的担当。蔡凤辉工作二十多年来，带领团队完成了每年全国两会、五一、十一、迎宾等上百次各项重大活动的环卫保障工作。她总结出"人机结合、网格管理、快速捡拾、定期冲刷、监督检查、专业高效"24字工作方针，为天安门重大环卫保障工作奠定了坚实的基础。有一次国庆前夕，蔡凤辉在连续工作了七个夜晚后，病倒被送进医院，术后的第七天她又回到了岗位上。这期间，她为了不影响工作都没回过家，两个还在上学的孩子哭着跑来天安门广场看她，她看着一双懂事可爱的儿女，流下了辛酸愧疚的眼泪。而她父亲也在这期间病危去世了，她是在父亲去世后才知道消息的，心中悲痛万分，但是她说："虽然我没有尽孝，可我从不后悔，自古忠孝难两全，咱既然待在天安门这个特殊的位置，就需要跟平常人不一样的付出。"这些年来，当千家万户除夕夜阖家团圆时，她已15年没有陪自己的亲人过春节了，但她从不抱怨，而她的家人们总是坚强地做她的后盾，支持她安心工作。

精益求精，七十华诞添光彩

2019年中华人民共和国成立七十周年华诞，为了保障保洁工作的顺利完成，蔡凤辉带领团队默默无闻、夜以继日地付出。此时，她在国庆前伤了腿，刚刚做完手术。原本她是有机会和劳模班的同学一起在观礼台参加国庆阅兵观礼的，然而作为天安门人工保洁班长，在天安门保洁工作的关键时刻，她毅然放弃了观礼，哪怕这条腿不要，也要参加这次保障工作，把七十周年的保障任务做好，这比坐在观礼台上更高兴更骄傲。七十周年庆祝活动及联欢活动环卫保障，准备工作就持续半年之久，具有点多、面广、战线长、协调环节多、临时变化多、应急任务多、服务标准高、安保责任重等困难。她确定了区域责任制与网格化管理相结合的作战方式，为确保作业质量，从7月份开始她就陆续对参与七十周年环卫保障的1700多人次进行天安门地区实地培训，每天工作时间长达20小时，日均步数3万多步，白天黑夜都能在天安门广场看见她的身影。这一年，她无数次地踏遍天安门的每一个角落，28万平方米，37个作业网格，26个阅兵保障网格，40辆快速捡拾车，100名骨干队员，880名支援人员的作业部署，这些都牢牢地记在她脑中，她有信心在这次阅兵保障中为北京添彩，为祖国添彩。也正是凭借着自己的精湛业务和高度的责任心，最后她和团队不辱使命，顺利完成各项保障工作。

蔡凤辉从事保洁工作二十多年，虽然没有什么惊天动地的事迹，但她用心、尽力完成本职工作。她以习近平总书记给劳模班回信中提到的"社会主义是干出来的，新时代也是干出来的"作为自己的座右铭，用实干精神激励着自己努力前行，把青春的梦想写在天安门广场的每一片土地上。

第四节　如何弘扬劳模精神

劳模精神是我们国家和民族的宝贵精神财富，也是鼓舞和引导广大职工群众投身全面建设社会主义现代化国家、实现中华民族伟大复兴中国梦的精神动力。

一、大力宣传劳动模范的先进事迹

榜样的力量是无穷的。习近平总书记强调，全社会要崇尚劳动、见贤思齐，加大对劳动模范和先进工作者的宣传力度。我们要在全社会大力宣传劳动模范和其他典型的先进事迹，号召全社会向他们学习、向他们致敬。要加强社会舆论引导,持续加大宣传力度,将劳模宣传常态化、制度化,不断创新宣传理念、内容形式、方法手段等,讲好劳模故事,使劳模形象更可亲可敬、可信可学。

一是要充分发挥传统媒体的主渠道作用,形成强大的宣传声势,大力弘扬劳模精神,广泛宣传劳模的先进事迹和工人阶级伟大品格,讲好劳模故事、讲好劳动故事、讲好工匠故事,影响和带动更多职工崇尚劳动、爱岗敬业,营造尊重劳模、崇尚劳模、学习劳模、争当劳模的浓厚氛围,弘扬劳动最光荣、劳动最崇高、劳动最伟大、劳动最美丽的社会风尚。最大限度地激发广大职工群众的创新潜能和创造活力,为实现中华民族伟大复兴中国梦创先争优、建功立业。

二是要积极利用新媒体加大宣传力度。新媒体在信息传播上更加快捷、方便,社会大众可以通过微博、微信、移动客户端等媒介发布信息,也可以即时反馈想法和建议,使互动交流更加便捷有效,实现信息传播快、准、稳。使广大职工群众近学有榜样、远学有目标,增强时效性。同时可以充分运用"互联网+"、微信公众号、手机App等新媒体,用生动活泼、灵活多样、喜闻乐见的方式,潜移默化地做好劳模精神弘扬工作,提升感染力以便强化宣传效能。

三是要注重加强劳模事迹场所建设。在这些宣传场所采用大量图片、实物资料、专题视频,运用现代展览手段,整理劳模历史,讲好劳模故事,挖掘劳模内涵,展现工人阶级为社会经济发展所作出的突出贡献,以此进一步激发广大职工群众的劳动热情和创造活力。

二、加强劳模服务关心工作

习近平总书记强调，各级党委和政府要尊重劳模、关爱劳模，贯彻好尊重劳动、尊重知识、尊重人才、尊重创造方针，完善劳模政策，提升劳模地位，落实劳模待遇，推动更多劳动模范和先进工作者竞相涌现。中华人民共和国成立以来，全国劳动模范和先进工作者表彰是历史最为悠久的，也是最具影响力的国家级表彰奖励项目之一。这充分说明党和政府高度重视劳模工作，关心关爱劳模。为此先后出台实施了关于提高劳模退休金、安排劳模体检和疗休养、给予劳模一次性奖励、解决劳模社会保障和生活困难、做好劳模困难帮扶、不得安排劳模下岗等政策措施，取得了很好的社会效果。各级政府及相关职能部门要从制度上健全，全方位监督落实，要想方设法提高劳模的经济待遇与社会待遇，着力解决劳模的实际困难与问题，爱护、维护好劳模的切身利益，使劳模在发展的时代真正能够劳有所得、老有所靠，才能最大限度地激发广大职工群众对劳模的向往与尊重，才能最大限度地激发普通劳动者的劳动热情和创造活力。同时也要保障已经离开工作岗位的劳模受到应有的尊重，让年老的劳模生活无忧、晚年幸福，享受到社会发展的成果。

此外，要维护好劳模作为劳动者、作为职工的合法权益者，凡涉及劳模劳动经济权益的重大政策、法律法规的制定，必须有工会的参与，并由工会代表广大劳模对制度的运行过程实施监督；要健全并切实执行劳动法律制度，促进劳资关系和谐，在制定产业转移、转型、升级、改造等政策中重点关注劳模的转岗和就业需求，统筹考虑产业结构调整和稳定劳模就业问题；要通过建立工资正常增长机制，完善、执行好有关劳模权益保护的各项法律法规，切实解决好劳模在生产、生活中的实际困难，为他们的健康和幸福、为他们更好发挥作用创造良好环境和条件，切实提高劳模的荣誉感和自豪感，营造关心关爱劳模的良好社会氛围。

三、积极搭建劳模发挥作用平台

要协同各个方面为劳动模范发挥作用搭建平台、提供舞台，为劳模传承技能、传承精神创造条件。要以提高广大职工的职业道德、创新能力和技术技能素质为核心，以发现和解决工作问题为重点，进一步深化劳模和工匠人才创新工作室创建工作，最大限度实现创新工作室示范引领、集智创新、协同攻关、传承技能、培育精神等功能。

加强创建劳模创新工作室工作，对进一步弘扬劳模精神，丰富劳模精神的时代内涵，发挥劳模精神的示范引领功能，提高劳动者素质都具有积极作用。一是要加强不同劳模创新工作室之间以及与科研院所、创新创业团队之间的技术合作，立足企业重点难点，取长补短，积极破解难题，形成聚集效应，为企业发展提供技术支撑，促进科技进步和科技成果转化落地。同时，劳模创新工作室还可以成为培养职工队伍爱岗敬业、提高技术技能的课堂，把职工的业务技能培训与思想政治教育等工作紧密结合起来，充分发挥劳模的示范带头作用，培育提升广大职工的职业道德素质、技术技能素质和创新创优素质，使劳模创新工作室成为弘扬劳模精神的实训基地。此外，还要把劳模创新工作室创建活动与劳动竞赛、技能比武紧密结合，组织开展各项专业劳动竞赛、技能竞赛，广泛开展群众性技术攻关、技术革新和技术发明活动，充分调动和发挥职工群众的积极性和创造性，为人才素质的培养提供便捷实用的操作平台。

第三章

劳动精神
——推动社会发展进步的根本动力

第三章 | 劳动精神——推动社会发展进步的根本动力

劳动是人类的本质，是人类社会生存和发展的基础。劳动精神指的是广大劳动人民在劳动过程中秉持的劳动观念、价值理念以及展现出来的劳动态度、精神风貌。劳动精神是民族精神和时代精神的生动体现，是国家繁荣、民族强盛、人民幸福的强大精神动力，具有深厚的历史积淀和丰富的思想内涵。

第一节 劳动精神的深刻内涵

人民创造历史，劳动开创未来，劳动是推动人类社会进步的根本力量。"劳动创造了人本身""劳动是唯一价值源泉""劳动创造财富、劳动使人幸福"等，积淀成为劳动者的精神力量。

一、劳动是推动历史进步的根本力量

劳动造就了人类和人类社会历史，是人类的本质活动。劳动光荣、创造伟大是对人类文明进步规律的重要诠释。劳动不仅是推动历史前进的动力，也是拉动社会发展的纤绳，还是助力时代进步的阶梯。马克思恩格斯高度肯定劳动在人类产生和发展过程中所起的重大作用，提出了劳动使人从动物界中分离出来并且满

足了人类生产生活的需要观念。马克思认为,劳动是人类的第一个历史活动。恩格斯指出,"劳动是整个人类生活的首要基本条件。劳动在创造人类的同时,还在创造着人类社会历史"。[1]

劳动是推动历史车轮滚滚向前的动力,劳动人民是整个社会的主体,是社会发展的决定力量。从社会发展的历史规律来看,人类从野蛮的原始社会、奴隶社会发展到封建社会、资本主义社会,又逐步过渡到社会主义社会以及将来的共产主义社会,生产力和生产关系由低级至高级,这一切发展变化都是人们辛勤劳动的结果。劳动成为人与自然密切联系的枢纽,人通过自己的劳动在自然界中获取生活所需的物质资料和生产资料,在此过程中形成了人与自然之间的自然关系,也就形成了生产力。同样地,还形成了人与人之间的社会关系,即形成生产关系。生产力与生产关系之间的矛盾成为助推人类社会向前发展的根本动力,加速了人类社会的进步和发展。没有劳动,就不会有历史的前进。

> **经典论述**
>
> 任何一个民族,如果停止劳动,不用说一年,就是几个星期,也要灭亡,这是每一个小孩都知道的。
>
> ——马克思

---

[1]《马克思恩格斯选集》第三卷,人民出版社2012年版,第988页。

> **箴言释义**
>
> 劳动创造了人和人类社会，在人的形成和人类社会的诞生过程中，劳动起着决定性作用，正是由于劳动，才使得人类告别了刀耕火种的蒙昧时代，走向文明。劳动是人类生命的生产形式，所谓生命的生产有两层含义：一是"自己生命的生产"，即通过自身劳动；二是"他人生命的生产"，即人类生命的诞生。从人类整体的角度讲，"自己生命的生产"即人类生命的生产，"他人生命的生产"即人类的繁衍。无论哪层含义，都包含了人类的劳动本质。
>
> 人类的一切活动，包括经济活动、政治活动与文化活动，在本质上都是价值的运动，都是各种不同形式的价值不断转化、循环增值的过程，只有通过劳动，才能实现这种价值的循环，否则一切都只是纸上谈兵。所以，劳动是整个人类生活的第一个基本条件。劳动通过作用于自然物，解决了人类吃、穿、住、行的问题，推动了社会生产力的进步。只有生产力得以发展，才能促进物质财富和精神文化财富的丰富，才能充分满足每个社会成员的需要，社会发展才能得以循环和维系。

二、劳动者是社会物质财富和精神财富的创造者

劳动者是生产力要素中最活跃和最具有创造力的要素，人的自由全面发展主要是劳动者的自由全面发展，是劳动者创造了社会物质和精神财富。劳动最光荣，劳动者最伟大。劳动者占社会

中的绝大多数，他们在农村的田野里，在建设的工地上，在企业的车间里，在服务的岗位上，在科技的攻坚中，脚踏实地，艰苦创业，奋发进取，为人民生活的不断改善、社会财富的不断增加、综合国力的不断增强倾注着心血和汗水，奉献着智慧和力量。在我国以按劳分配为主体、多种分配方式并存的分配制度下，最根本的还是依靠劳动创造财富，实现价值。

人类的历史首先是生产的发展史，是作为生产过程中基本力量的物质资料生产者本身的历史，即劳动群众的历史。物质资料的生产是人类社会赖以存在和发展的基础。劳动者在不断的生产过程中，创造物质财富，同时不断改进生产工具，积累生产经验，促进生产力不断发展。这种发展引起生产关系的变化，推动着社会向前发展。当前，要以中国式现代化推动中华民族伟大复兴，更离不开广大体力劳动者和脑力劳动者的辛勤劳动。

人民群众不仅是物质财富的创造者，而且对社会精神财富的创造同样起着重要的作用。科学家、思想家、艺术家等的作用在于对人民群众的生产斗争和阶级斗争等方面的实践活动作出概括和总结，任何科学、文化、艺术成果都是在人民群众实践的基础上形成的，没有人民群众的实践作为基础，就不可能有科学家、思想家和艺术家创造的一切有价值的精神财富。人民群众的实践活动成为精神文明日益进步的源泉和动力，许多劳动者也直接参与了精神文明的创造。虽然社会分工有所不同，但劳动没有高低贵贱之分，具有创造性的复杂智力劳动非常重要，在平凡岗位上兢兢业业、默默奉献的简单劳动也一样重要，都能通过诚实劳动获得社会的认可，实现自身的价值。

劳动对劳动者生命价值的创造，不仅体现为劳动者创造的物质财富和精神财富，也体现为劳动者对劳动的执着所产生的社会意义，还体现为劳动过程中劳动者所展现出来的人性之美。习近平总书记指出："只要踏实劳动、勤勉劳动，在平凡岗位上也能干出不平凡的业绩。"在社会主义社会，劳动与劳动者的统一，使得人的自身价值表现为人的本质力量的充分释放和展现，表现为对劳动的追求和实践。劳动作为劳动者创造自身生命价值的主要手段，更深刻地体现为劳动者在劳动中创造自身生命价值的同时创造他者生命的价值，即劳动者的生命价值体现为在劳动中实现个人价值与社会价值的统一。

经典论述

劳动是劳动者的直接的生活来源，但同时也是他的个人存在的积极实现。

——马克思

箴言释义

劳动无处不在，劳动构成了整个人类生活实现的基本条件，是实现人与自然界相互交融的一种方式。在现实生活中，人类的衣、食、住、行都由劳动完成，而人类通过劳动由自然人转变成社会人。劳动既是一种付出，也是一种自我价值的体现。劳动者通过劳动播种希望、收获果实，创新生产、改变生活、改善生态，同时也通过劳动磨炼意志、塑造性格，助推劳动者实现自我梦想。此外，劳动一方面使劳动者获得

> 生存的必需品、社会的尊重；另一方面劳动所得的财富也供养了劳动者的家人、朋友以及他人。
>
> 任何一名劳动者，无论从事的劳动技术含量如何，只要勤于学习、善于实践，在工作上兢兢业业、精益求精，就一定能够拥有闪光的人生。

三、劳动精神是对广大劳动者劳动实践的高度肯定与科学总结

劳动既是幸福的源泉，更是劳动者获得美好生活的源泉。习近平总书记指出："我们要在全社会大力弘扬劳动精神，提倡通过诚实劳动来实现人生的梦想、改变自己的命运，反对一切不劳而获、投机取巧、贪图享乐的思想。"劳动对于劳动者来说，是实现美好生活愿望、展现本质力量、创造生命辉煌的途径。劳动是劳动者的人生梦想走向现实化、改变人生命运轨迹的重要途径，劳动致富是劳动者拥有幸福和获得美好生活的基础，这本身就是劳动创造美好生活的应有之义。通过劳动获取财富，在凸显劳动者感受财富的正义性的同时，赋予劳动者享受和支配财富的合理性，从而使劳动的财富意义能够真正转化为劳动者的幸福感。

劳动的价值可分为个体价值和社会价值。对个体来说，劳动可以换得报酬、获得生活必需品等物质方面的保障，也可以从中获得快乐、成就感等精神层面的享受，后者更能体现劳动

价值的内涵，比如他人的尊重、社会的认可等。对社会来说，随着社会分工越来越细，整个社会需要各种各样的劳动者发挥自己的聪明才智，共同配合、互帮互利、缺一不可。各个岗位的劳动者不仅是整个社会的物质创造者，也是各个区域特有文化的传承者和缔造者。劳动光荣应成为社会主义核心价值观的组成部分，全社会要大力培育和弘扬劳动光荣、知识崇高、人才宝贵、创造伟大的时代新风，更要保障广大劳动群众权益，促进社会公平正义。

经典论述

劳动已经不仅仅是谋生的手段，而且本身成了生活的第一需要。

——马克思

箴言释义

"劳动已经不仅仅是谋生的手段"，意味着人类从对物的依赖中逐渐解放出来，开始走向全面自由发展，这对我们进一步理解"美好的生活"具有指导意义。劳动作为人的第一需要，解决了人能不能活着和人如何活着这两个命题。第一，劳动是人类的生理条件所强加的，是每一个人都无法摆脱的活动。第二，在人一生的生存发展过程中，或是经验的积累，或是性格的养成，或是物质的收获等，都与劳动相伴，留下许多劳动的痕迹。

劳动不仅为人类的发展提供必要的物质条件和精神条件，

> 同时还包括为人类的发展搭建实践平台。马克思认为，人类本质的实现是一个通过劳动而自我诞生、自我创造和自我发展的历史过程，劳动既是人的本质形成的起点，也是人的本质发展的基础，更是整个社会文明不断进步的动力。
>
> 劳动者成为社会的主人之后，劳动的作用也相应有了新的发展。劳动不仅是劳动者自己生存发展的基本活动，同时也是劳动者创造自身发展条件的活动，劳动开始向人生命本身的需要转化，并促进劳动者需要通过劳动来不断满足日益增长的物质文化和精神文化需求。因此，在劳动的过程中，人处于一个不断发展、不断完善的过程，劳动是人的第一需要。

第二节　劳动精神生成的历史因素

社会主义劳动精神建立在马克思主义劳动观的理论基石上，汲取中华优秀传统文化中的劳动理念，形成于中国人民伟大社会历史实践之中，丰富和发展于中国特色社会主义新时代。

一、马克思主义劳动观是劳动精神的理论基础

劳动思想是马克思主义理论体系的重要组成部分，是马克思主义劳动价值论在新时代中国的继承和发展。马克思在《1844年经济学哲学手稿》和《德意志意识形态》中对劳动思想进行了全面论述。通过对劳动与劳动、劳动与人、劳动与社会之间关系的

全面阐发，深刻揭示了劳动的本质属性和内在特征，以及劳动在推动人类社会发展进程中的重要影响和作用。

马克思主义唯物史观认为，劳动是人类社会和历史发展的应然起点。马克思主义经典作家始终从劳动是整个人类社会发展的重要力量这一宏大视野来审视劳动的应然价值。首先，马克思认为劳动是整个人类社会生活的基本条件。"劳动创造了人"的命题肯定了劳动在推动整个人类社会进步中的重要作用。马克思说："整个所谓世界历史不外是人通过人的劳动而诞生的过程，是自然界对人来说的生成过程。"[1] 他肯定了劳动的重要性，证明劳动是人类社会存在和发展的基础。其次，劳动创造人类历史。人类漫长演进的过程就是一部劳动发展史。马克思主义认为，人类社会的全部历史都是以劳动为起点的，劳动是解开人类历史发展进步的一把钥匙。劳动和人类生存发展是紧密联系的，劳动将人与动物从根本上区别开来，同时人类运用体力劳动和脑力劳动不断改造客观世界，为人类社会创造了丰富的物质财富、精神财富。人们通过劳动满足了衣食住行的物质生活需要，在此基础上衍生出政治、宗教、艺术等丰富的精神财富。

二、中华民族的勤劳传统文化是劳动精神的文化基础

勤劳勇敢智慧的中国人民在与自然长期斗争过程中，创造了五千年的辉煌历史，铸就了灿烂的中华文明。劳动精神作为中华

---

[1]《马克思恩格斯文集》第一卷，人民出版社2009年版，第169页。

优秀传统文化的衍生，成为中国精神和民族精神谱系的重要组成部分。首先，勤劳是劳动精神的内核。勤劳不仅是中华传统美德的重要组成部分，也是助推中华民族不断进步的鲜明品格。《左传·宣公十二年》记载的"民生在勤，勤则不匮"，意在告诉人们，美好的生活在于勤劳；勤于劳动，生活物资就不会缺乏，这强调了劳动是维系人类存续的重要支撑。唐代诗人韩愈也曾留下"业精于勤荒于嬉"的警句，告诉青年学子，学业的精深在于勤奋。其次，奋斗是劳动精神的特质。精卫填海、愚公移山、大禹治水、钻燧取火等神话故事反映了古代劳动人民对劳动的赞颂和对生命的抗争，同时也向人们传达出，无论是人还是神，都必须通过辛苦的劳动才能征服和改造自然。再次，尊重劳动的优秀传统。中华传统文化中有许多体现尊重劳动的思想，如孔子主张的"因民之所利而利之"，《尚书·五子之歌》记载的"民惟邦本，本固邦宁"等，都表达出普通劳动人民之于国家的重要意义，也体现出为官者对劳动人民的尊重。最后，劳动公平是劳动精神的重要内容。《孟子·滕文公上》有言"厉民而以自养"，张俞的《蚕妇》有诗句"遍身罗绮者，不是养蚕人"，这些都揭露了封建社会统治者不劳而获的丑恶行为，也深深触及了劳动公平与正义的现实问题，为丰富劳动精神内涵奠定坚实的文化基础。

三、党领导下的人民群众的劳动活动是劳动精神的实践基础

土地革命战争时期，党在革命根据地开展打土豪、分田地

的革命斗争，极大地激发了农民的耕作热情，打破了制约生产力发展的桎梏。抗日战争时期，党领导抗日根据地人民掀起热火朝天的大生产运动，为化解根据地供需矛盾、赢得抗日战争的胜利奠定了坚实的物质基础，同时也孕育了自力更生、艰苦奋斗的拼搏精神，成为劳动精神的灵魂。解放战争时期，党在解放区实行土地改革，"耕者有其田"、按人口平均分配土地等政策的实施，使农民翻身获得解放，极大地提高了农民的生产积极性和革命热情，在劳动人民中树立了"劳动光荣、劳动致富"的劳动观念。中华人民共和国成立后，在党的领导下，工人阶级和广大农民以高度的主人翁责任感，在各自的岗位上勤勤恳恳、艰苦创业，以"老黄牛"精神丰富着劳动精神的内涵。改革开放以来，知识分子"成为工人阶级的一部分"，为社会主义现代化建设作出了重大贡献。随着科学技术对生产力推动作用的日益凸显，历届党和国家领导人都将发展科学技术摆在重要位置，激励着成千上万的知识分子以锐意进取、敢于创新的精神勇攀科学技术高峰，献身国家科技事业的发展。"尊重劳动、尊重知识、尊重人才、尊重创造"也成为改革开放以来的时代强音。

> **经典论述**
>
> 劳动是生产的主要因素，是"财富的泉源"，是人的自由活动。
>
> ——恩格斯

箴言释义

劳动是人类最基本和最重要的社会实践。自然资源、劳动力、生产资料、管理和信息、科学技术构成了生产力的五大要素。由于人是生产过程的主体,在生产力的诸多要素中,人所具有的劳动力是起支配作用的要素。只有通过人对自身劳动力的利用即人开展劳动,各种生产要素才能结合起来形成能动的生产过程,从而转换为人类所需的物品。人一旦离开劳动,无论是物质生产还是精神生产,乃至人类自身生产,都不可能存在。

劳动是财富的源泉,也是幸福的源泉。劳动创造财富、创造价值的科学论断告诉我们,劳动是生产要素中最为重要、最为活跃、最有创造力的要素,是创造财富的源泉。尽管财富的形式是多种要素共同作用的结果,但劳动始终是其中的必要条件,并且是产品价值的唯一来源。

随着经济社会的发展,劳动等人的因素相对于物的因素的作用日益突出,贡献率日益增大。人类只有通过劳动活动才能生存下去,劳动活动开展的最本质特点即在于人们能够自由、自觉地从事劳动活动,而想要实现人类自由全面的发展,最根本的内容也是人能够进行劳动的自由活动。因此,只有尊重劳动、热爱劳动、诚实劳动、创造性劳动,才能使劳动者凝心聚力促进发展,让劳动绽放出更加璀璨的时代光芒。

第三节　劳动精神的主要内容

一、崇尚劳动

　　崇尚劳动就是推许劳动之美、认可劳动者的价值与地位。只有全社会都崇尚劳动，才能释放劳动的价值魅力，才能提升对劳动者的认同感，才能为实现中国梦汇聚最磅礴的力量。一个时代无论处在何种历史方位、一个国家一个社会无论内外条件如何变化，崇尚劳动都应该是永恒的主题，都必须始终关注劳动者在推动国家发展、社会进步和家庭幸福中的主力军作用。反之，如果不鼓励人民群众特别是青年人从基础做起、从基层做起，而是任由他们一味追求身份与工作的"光鲜亮丽"，忽略成功背后的辛劳与汗水，就难以美梦成真。当前我国正朝着全面建成社会主义现代化强国迈进，在根本上需要依托劳动、依靠劳动者。可以说，把崇尚劳动作为全社会弘扬劳动精神的重要一环，既是对劳动者社会地位的伦理表达，也是对劳动独特作用的权威认定。

　　在我国，一切劳动无论是体力劳动还是脑力劳动，都值得尊重和鼓励；一切创造无论是个人创造还是集体创造，也都值得尊重和鼓励。全社会都要以辛勤劳动为荣、以好逸恶劳为耻，任何时候任何人都不能看不起普通劳动者，都不能贪图不劳而获的生活。一切劳动者只要肯学肯干肯钻研，练就一身真本领，掌握一手好技术，就能立足岗位成长成才，就能在劳动中发现广阔的天地，在劳动中体现价值、展现风采、感受快乐。

📖 劳动箴言

击壤歌

（先秦）佚名

日出而作，日入而息。
凿井而饮，耕田而食。
帝力于我何有哉！

📖 箴言释义

《击壤歌》是一首远古先民咏赞美好生活的歌谣。这首歌谣大约流传于4000多年前的原始社会。传说在尧帝的时代，"天下太和，百姓无事"，老百姓过着安定舒适的日子。

太阳出来就去耕作，太阳下山就回家休息。凿井取水便可以解渴，在田里劳作就可以过上自在生活，有这样的日子谁还羡慕帝王的权力！

这首民谣简单质朴，没有任何渲染和雕饰，吟唱出了悠闲自得的田园风情。人们每天伴随太阳休息或劳作，自己凿井，自己耕种，靠自己辛勤的劳动过着自给自足、无忧无虑的生活。在劳作中享受生活的安闲自乐，在丰收的成果中得到收获的满足感。这是人们自食其力的生活写照，表现出古代劳动人民勤劳耕种、不怕流汗的宝贵精神。

二、热爱劳动

热爱劳动是劳动者对劳动的积极心理态度，是创造众多社会奇迹的劳动者所共有的品质。习近平总书记曾多次倡导"全社会都要热爱劳动……以好逸恶劳为耻"。[1]这是因为，只有基于对劳动的热爱，劳动者才能最大程度发挥聪明才干，提高劳动效率，进而体会到自我价值实现的满足与喜悦。反之，如果对劳动不能形成由内而外的热爱，那么劳动则会异化为外在的束缚和枷锁，人在劳动中就感受不到幸福。正如马克思所言，"只要肉体的强制或其他强制一停止，人们就会像逃避瘟疫那样逃避劳动"[2]，劳动由此成为令人厌恶和痛苦的事情了。

劳动者只有坚守热爱劳动的价值观念，继承和发扬热爱劳动的优良美德，才会心甘情愿接受劳动，实现由"要我劳动"到"我要劳动"的转变，而非滋生对劳动的盲从和被动；才会心悦诚服认同劳动，在工作岗位上埋头苦干，而非内生对劳动的反感和排斥；才会心无旁骛埋头劳动，全面提升自身的劳动素养，而非产生对劳动的懈怠和逃离。对于广大劳动者来说，热爱劳动主要指的是热爱自己的岗位和工作。这就要求每一位劳动者都应该干一行、爱一行，认真钻研业务，争取成为行家里手。一份工作既是劳动者的"饭碗"，可以养家糊口，也是展示自己才能和实现自己价值的平台，更是为单位、社会和国家创造价值的机会。一个

---

[1] 《习近平在同全国劳动模范代表座谈时的讲话》，《人民日报》，2013年4月29日。
[2] 《马克思恩格斯文集》第一卷，人民出版社2009年版，第159页。

劳模精神、劳动精神、工匠精神

人如果不能为单位、社会和国家创造足够的价值，不仅无法实现自己的价值，甚至还会影响到自己的"饭碗"。所以，热爱劳动是每一位劳动者的本分。

劳动箴言

畲田调（其一）

（宋）王禹偁

大家齐力劚孱颜，耳听田歌手莫闲。
各愿种成千百索，豆萁禾穗满青山。

箴言释义

王禹偁（954—1001），字元之，宋代诗人。他的作品语言平易流畅，对宋代散文风貌的形成产生积极影响。

高山丛莽中砍伐树木，排山奋进，随着山风吹来的猎鼓声和亢亮的田歌，劳动者们互相勉励，齐心协力地劳作。但愿庄稼满地，豆茎、稻谷都种满青山。

这首诗吸取当地民歌的格调，通俗清新，悠扬生动。作者以劳动者的角度而作，更真实亲切地表达了农人热情劳动、满怀丰收期待的心声。大家劲儿往一处使，烧荒垦种，伴着嘹亮的田歌在田间共同劳作，在劳动过程中感受相互协作的力量。这是一首朴素的田园诗，展现了古代劳动者勤于劳动的风貌。

三、辛勤劳动

辛勤劳动强调的是劳动者勤劳而肯于吃苦的劳动状态，是中华民族代代相传的优秀品质。习近平总书记多次强调辛勤劳动、艰苦实干的重要性，呼吁"要在全社会大力弘扬真抓实干、埋头苦干的良好风尚"[1]。"实干"不仅是一种坚忍不拔、披荆斩棘的工作作风，还是一种实事求是、去伪存真的工作方法，折射出的是艰苦奋斗、足履实地、知行合一的道德品质。习近平总书记指出："任何一名劳动者，要想在百舸争流、千帆竞发的洪流中勇立潮头，在不进则退、不强则弱的竞争中赢得优势，在报效祖国、服务人民的人生中有所作为，就要孜孜不倦学习、勤勉奋发干事。"[2] 由此可见，无论我们从事劳动的外在环境如何变化，辛勤劳动都是个人追求美好生活、实现人生价值的内在要求和可靠抓手。可以说，"辛勤"定义了劳动的崇高和伟大，是劳动得以被尊重的缘由。

习近平总书记还指出："社会主义是干出来的，新时代是奋斗出来的。"[3] 这就要求我们要树立正确的劳动观，弘扬奋斗精神，坚持苦干实干，把个人的"小我"和国家的"大我"统一起来，把个人成长和时代进步结合起来。牢固树立"一分耕耘，一分收获"

---

[1] 习近平:《在同全国劳动模范代表座谈时的讲话》,《人民日报》, 2013年4月29日。

[2] 习近平:《在庆祝"五一"国际劳动节暨表彰全国劳动模范和先进工作者大会上的讲话》,《人民日报》, 2015年4月29日。

[3] 习近平:《在全国劳动模范和先进工作者表彰大会上的讲话》,《人民日报》, 2020年11月25日。

的劳动意识，自觉抵制一切不劳而获、投机取巧的错误思想，尊重他人劳动成果，杜绝坐享其成、贪图享乐和无功受禄。正如俗语所说，"天上不会掉馅饼""天下没有免费的午餐"，只有辛勤劳动，才能三百六十行，行行出状元，一切幸福和梦想才能成真。特别在身处舞台更大、机遇更多、科技更强的新时代，我们只有勤于奋斗、乐于奉献，撸起袖子加油干，才能开创出人生的精彩事业。

劳动箴言

百尺竿头立不难，一勤天下无难事。

——《解人颐·勤懒歌》

箴言释义

《解人颐》是清代文学家钱德苍的代表作品，此书共计八卷二十四集。

这首歌谣是古代劝勤戒懒歌，其意是指只要勤奋做事，世上就没有难做的事情，即使百尺竿头也能昂首挺立。这首歌谣极力鼓舞人们要辛勤劳动、勤劳奋进，弘扬中华民族勤劳致富的优良传统美德。讲"勤"就要讲"劳动"，劳动是勤奋的载体。从古至今，人们用辛勤的汗水和无穷的智慧创造了辉煌的历史与文化，人们在坎坷道路上一路奋进、砥砺前行，创造了无数人间奇迹。从"钻燧取火"到火星钻探，从"栖息洞穴"到建造高楼大厦，从"印刷术"到激光照排技术，从"刀耕火种"到联合收割机，充分体现了劳动人民的辛勤和智慧，体现了劳动者的光荣和创造者的伟大。人勤则家兴，民勤则国富。勤劳与坚持是我们人生发展中的伴侣。对于我们每个人来说，在生活中面对挫折时，要有坚持不懈的努力、要有勤劳能干的双手、要有不屈不挠的意志，才能改变自身的命运，提高自身生活水平。生活中播种勤劳的种子，就会收获成功的果实。"人民创造历史，劳动开创未来。劳动是推动人类社会进步的根本力量。"一个国家的命运掌握在人民手中，人民唯有通过辛勤劳动、诚实劳动、创造性劳动，才能为民族的发展注入恒久的动力，才能建成富强民主文明和谐美丽的社会主义现代化强国，才能为实现中华民族伟大复兴的中国梦凝聚精神力量。

四、诚实劳动

在劳动中秉持的态度和投入的力度，关乎劳动回报率的高低。诚实劳动作为劳动者在生产生活中的一种工作要求，体现为遵从工作标准、遵循职业要求、遵守法律法规等，是维护社会公平正义、彰显劳动本义、闪烁人性光辉的必然规定，强调在合法劳动的基础上，不偷懒耍滑，不投机钻营。正如习近平总书记指出的那样："人世间的美好梦想，只有通过诚实劳动才能实现；发展中的各种难题，只有通过诚实劳动才能破解；生命里的一切辉煌，只有通过诚实劳动才能铸就。"[1] 显然，劳动者唯有诚实守

---

[1] 习近平：《在同全国劳动模范代表座谈时的讲话》，《人民日报》，2013年4月29日。

劳模精神、劳动精神、工匠精神

信、脚踏实地、勤恳劳动，才能收获安于内心、他人赞誉的劳动成果；只有在劳动中提供周到服务、培养互助美德、完善有序竞争和构建诚信体系，传承好中华文化"诚实"这一优秀基因和宝贵品质，才能让诚实劳动成为全社会都信奉的价值风尚。

无论是扎根平凡岗位的一线劳动者，还是身处高精尖技术岗位或管理岗位的高素质高技能型人才，不论投身哪个行业，从事什么职业，都应该以诚实劳动为基本准则。对于广大劳动者而言，要牢牢守住诚信做人的底线，践行"诚信"价值观，把守法诚信作为安身立命之本，始终以诚为先、以诚为重、以诚为美，让诚实劳动成为价值自觉、道德品行和行动操守。

劳动箴言

插秧歌

（宋）杨万里

田夫抛秧田妇接，小儿拔秧大儿插。
笠是兜鍪蓑是甲，雨从头上湿到胛。
唤渠朝餐歇半霎，低头折腰只不答。
秧根未牢莳未匝，照管鹅儿与雏鸭。

箴言释义

杨万里（1127—1206），字廷秀，号诚斋，南宋文学家。他的诗歌大多描写自然景物，且以此见长，创造了语言浅近明白、清新自然且富有幽默情趣的"诚斋体"。他也有不少反映民间劳作、抒发爱国情感的作品。

种田的农夫将秧苗抛在半空中，农妇一把接住，小儿子把秧苗拔起来，大儿子再把秧苗插入水中。斗笠是头盔，蓑衣是铠甲，但似乎没有什么用，雨水依然从头流入脖颈湿透肩膀。农人们被呼唤吃个早餐歇息一会儿，只见他们弯腰低头插秧，没有人作答。秧苗还未栽稳，稻田还没插完，农夫就嘱咐农妇照看好小鹅小鸭，不要让它们来破坏秧苗。

这首诗生动形象描写了农忙时节插秧劳作的情景。"抛""接""拔""插"四个动词传神直白，诗人用极其通俗的语言描述了一家老少插秧忙碌的场景。以"斗笠"比作头盔、以"蓑衣"比作铠甲，生动活泼地暗示了冒雨插秧如一场紧张的战斗；雨水从头淋到肩膀，暗示雨的来势凶猛，在如此恶劣的环境下农人不畏千辛万苦在田地里劳作，体现了农人吃苦耐劳、坚忍不拔的劳动精神。农夫低头劳作，秧未稳、稻未完，就嘱咐妻子照看好鸭鹅。诗人用质朴纯真的言语勾勒出一幅农家总动员，雨中抢插秧苗的劳动图景。

第四节　弘扬和践行劳动精神的主要途径

尊重劳动、倡导劳动、保护劳动，是社会主义制度先进性、优越性的显著标志，只有崇尚劳动、热爱劳动、勤奋劳动，才能为中国发展汇聚强大的正能量。

一、尊重劳动者社会主体地位

社会主义制度使得劳动者社会主体地位的实现成为必然，公有制和民主制为实现劳动者社会主体地位奠定了基础，并通过具体的制度设计保障劳动者的社会主体地位。我国从宪法到法律法规、从中央文件到地方性文件都先后确立了体现劳动者社会主体地位的各项制度，如人民代表大会制度保障了劳动者的决策权和监督权，职工代表大会制度保障了劳动者的民主管理权，职工董事、职工监事、集体协商制度保障了劳动者的民主协商权，员工持股计划等保障了劳动者的利益分享权。

在新时代，党中央进一步强调劳动者社会主体地位。2017年2月，中共中央、国务院印发的《关于新时期产业工人队伍建设改革方案》强调："产业工人是工人阶级中发挥支撑作用的主体力量，是创造社会财富的中坚力量，是创新驱动发展的骨干力量，是实施制造强国战略的有生力量。"为了保障劳动者社会主体地位的实现，"要按照政治上保证、制度上落实、素质上提高、权益上维护的总体思路，改革不适应产业工人队伍建设要求的体制机制"。党的十九大报告中提出"弘扬劳模精神和工匠精神"，这些都是劳动者社会主体地位的现实体现。

习近平总书记明确指出："全面建成小康社会，进而建成富强民主文明和谐的社会主义现代化国家，根本上靠劳动、靠劳动者创造。"各级党委和政府要树立共享是中国特色社会主义本质要求的发展理念，运用经济、政治、法律等多种手段，作出更有效的制度安排，将劳动的成果回馈劳动者、赋予劳动更多的经济价值、政治价值、文化价值和社会价值，为劳动精神的弘扬打下深厚的物质基础。

二、让劳动创造助力中国梦

平凡的劳动者只要拥有远大的志向和奋斗的精神，就一定会在社会的舞台上发光发热，实现自身的独特价值。国家的发展离不开劳动群体中每个人的贡献，而每个劳动者个人的发展也同样需要国家提供空间。通过劳动，劳动者将个人价值寓于社会价值之中，将自身的前途命运与国家的前途命运紧密联系在一起。劳动者在通过劳动促进党和国家建设事业前进、推动实现中国梦的同时，社会与国家的发展也为劳动者实现个人梦提供了可靠保障。中国梦与劳动者的个人梦就是这样通过劳动而紧密联系在一起，国家发展与个人发展也通过劳动者的劳动而实现了辩证统一。当前，广大劳动者要围绕"十四五"规划、京津冀协同发展、长江经济带建设等发展战略，弘扬劳动精神、劳模精神、工匠精神，开展劳动和技能竞赛，投身大众创业、万众创新的实践中。积极参与和适应供给侧结构性改革，充分挖掘创新创造潜能，以劳动创造助力改革，谱写新时代的劳动者之歌。

三、维护劳动者的合法权益

各级工会要依法履行维护职工合法权益、竭诚服务职工群众的基本职责，积极参与劳动法律法规和政策的制定，维护职工的劳动就业、技能培训、收入分配、社会保障等权益，做好化解产能过剩、结构转型升级中职工安置和再就业培训工作；推行劳动合同、集体合同和职代会制度，推动中国特色和谐劳动关系建设；做好困难职工和农民工群体的帮扶保障，努力为职工提供普惠性、多样化服务，促进职工实现体面劳动。

工资作为劳动者的劳动报酬，只要劳动者付出了劳动，为企业发展作出了贡献，按照企业的工资分配制度，就有可能增加工资。切实维护劳动者的工资收入，一直是国家关注的重大事情。多年来，我国劳动者（特别是一线员工、技工）收入偏低、城乡行业间差距偏大，需要提高劳动者工资收入，完善社会保障机制，解决消费不足问题。首先，应提高中低收入阶层劳动者工资，让他们有更充裕的消费能力；其次，要强化社会保障机制，特别是落实机制，让劳动者没有后顾之忧、敢花钱。提高劳动者工资收入需劳动者、企业、政府三方共同发力，同步推进。广大劳动者要通过多种形式的职业培训不断提升自身素质，提高技能；企业要结合实际适当增加员工工资收入，稳定队伍、坚定信心，鼓足员工干劲；政府应指导企业在初次分配中着重加大工资比重，尽快实施企业工资制度改革。

四、营造良好的劳动风尚

充分运用各类媒体，通过思想教育、典型引路、领导示范和正向激励等多种措施，发扬中华民族勤劳节俭、自强不息的优良传统，提倡通过劳动来实现人生的梦想、改变自己的命运。着力形成弘扬劳动精神的主流意识，反对一切不劳而获、投机取巧、贪图享乐的思想，真正让劳动成为最光荣的价值追求，让劳动者成为全社会最受尊敬的人。

辛勤劳动作为一种传统美德，任何时代都不会过时。没有辛勤劳动，一切社会物质财富和精神财富都无从谈起；没有辛勤劳动，人类的生存与发展必然失去最基本的保障。应该承认，随着现代科技的高度发展和广泛应用，社会发展中逐步出现了由体力劳动为主导向脑力劳动为主导转变的趋势。劳动内部发生分化，科技劳动、管理劳动、创新劳动的地位不断提高，体力劳动、简单劳动的地位相对下降。对此，我们应该辩证地看待。在社会经济发展中，特别是在激烈的国际经济竞争中，固然必须重视科技劳动与管理劳动逐步占主导地位的客观趋势，但是，我们绝不能因此而轻视体力劳动和简单劳动。社会犹如一部大机器，每一个劳动者作为这部大机器的一部分，都是必不可少的。不论是体力劳动还是脑力劳动，不论是简单劳动还是复杂劳动，都是光荣的，都应当得到认可和尊重。

> **延伸阅读**
>
> ## "95后"新生代农民工邹彬当上全国人大代表
>
> 2018年3月2日上午，作为湖南省出席十三届全国人大一次会议的117名代表之一，邹彬随团一起赴京履职。而出生于1995年8月的邹彬，以22岁的年龄成为湖南代表团最年轻

的人大代表，也是唯一的"95后"。

初中肄业拿到"世界大奖"，勤学苦练是基础

2014年4月，邹彬参加中建五局组织的"超英杯"砌筑技能比赛并冲破层层关卡获得冠军。在随后的世界技能大赛中国区砌筑项目选拔赛中，邹彬勤学好问，从全国21支队伍的150名选手中脱颖而出，成功进入第43届世界技能大赛（中国）砌筑项目的集训队伍，开始了每天"魔鬼式"的训练。

从早上6点到晚上6点，再到晚饭后的3个小时，邹彬的日程安排总是满满当当的，从理论知识学习到技能操作训练、从体能训练到脑力训练，每项都有严格的时间安排，节假日也不例外。而每天绝大部分时间里，邹彬都是在对照图纸，将一堵墙拆了砌、砌了拆。他说：比赛是按图纸砌墙，尺寸、水平度、垂直度、对齐、细节五个方面都有严苛的数据要求，完成的产品，与其说是一堵墙，还不如称之为"艺术品"。

为了弥补在理论知识方面的不足，邹彬主动要求进入中建五局长沙建筑工程学校学习。学校专门安排数学和识图老师"开小灶"指导，为他量身编制各种顺口溜，加强理解和背诵。除规定的"集训"外，邹彬还经常自我加压，延长训练时间。有时候他做梦都在背诵理论知识，或隔几分钟就会背出一串公式。

从连几何图形都分辨不出,到能精确计算出各种图形数据,邹彬说这一切都要感谢老师和教练的"引路"作用。担任第43届世界技能大赛中国区砌筑项目的教练兼评委周果林评价说:"邹彬有过硬的心理素质和扎实的基本功,这在比赛中是至关重要的。"

农民工也能成为"网红明星",展示平台是关键

有付出就会有收获。邹彬先后取得2015年大洋洲技能大赛砌筑项目银牌、第43届世界技能大赛优胜奖、湖南省2016年"十行状元、百优工匠"竞赛砌筑工决赛第一名等奖项;还获得了全国技术能手、"全国优秀农民工""湖南省五一劳动奖章"等荣誉称号。

当邹彬的优秀事迹频繁出现在媒体上,直至出现在中央电视台《新闻联播》里,他的亲戚朋友,尤其是当年学校的同学都惊呆了!一个数学成绩常常个位数的"学习困难户"一下子成了"网红明星",真叫人惊奇,大家纷纷通过电话、QQ等方式向邹彬表示祝贺。邹彬总会淡淡笑着说:我非常感谢我的"娘家"中建五局、中国建筑给了我展示的舞台。如果不是内部技能比赛,我可能永远都只是工地上的一名普通泥瓦匠。现在,我知道自己也有所长,农民工也有广阔的成长舞台。我会更努力,争取更好的成绩!

第四章

工匠精神
——高素质劳动者的执着追求

第四章 | 工匠精神——高素质劳动者的执着追求

2016年3月5日,李克强总理作政府工作报告时首次正式提出"工匠精神",鼓励企业开展个性化定制、柔性化生产,培育精益求精的工匠精神,增品种、提品质、创品牌,随即"工匠精神"一词入选了当年的十大流行语。从2016年至今,工匠精神五次写入政府工作报告[1]。2021年《政府工作报告》中指出,加强质量基础设施建设,深入实施质量提升行动,完善标准体系,促进产业链上下游标准有效衔接,弘扬工匠精神,以精工细作提升中国制造品质。

当前,世界经济形势充满着诸多不确定性和复杂性,中国经济面临着由高速增长向高质量发展的新形势,正从制造大国向制造强国迈进,传承和培育工匠精神,着力建设一支宏大的知识型、技能型、创新型产业工人队伍,造就一批大国工匠,是人才强国战略和实业振兴的具体落实,是推动供给侧结

---

[1] 2016年《政府工作报告》中指出,鼓励企业开展个性化定制、柔性化生产,培育精益求精的工匠精神。这是工匠精神首次写进国务院政府工作报告。2017年《政府工作报告》中指出,要大力弘扬工匠精神,厚植工匠文化,恪尽职业操守,崇尚精益求精,完善激励机制,培育众多"中国工匠",打造更多享誉世界的"中国品牌",推动中国经济发展进入质量时代。2018年《政府工作报告》中指出,全面开展质量提升行动,推进与国际先进水平对标达标,弘扬工匠精神,来一场中国制造的品质革命。2019年《政府工作报告》中指出,大力弘扬奋斗精神、科学精神、劳模精神、工匠精神,汇聚起向上向善的强大力量。

构性改革、加快经济转型升级、实现中国梦的内在需要和有效举措，为国家的创新发展奠定坚实的根基，有着特殊的重要意义。

第一节　工匠精神的历史变迁

在世界各国的历史和文化中，都能找到工匠精神的根源。我国更是自古就有推崇工匠精神的优良传统，一些工艺水平在世界上长期处于领先地位，瓷器、丝绸、家具等精美制品和许多庞大壮观的工程建造，都离不开劳动者精益求精的工匠精神。

一、国外的工匠精神

（一）德国的工匠精神

德国工匠精神的产生经历了一个漫长又曲折的过程，并非是与生俱来、一蹴而就的。德国在开启工业革命初期，由于缺乏技术支持和人才储备，只能采取偷师、模仿，甚至剽窃、伪造商标等方式，将德国制造的产品贴上"英国制造"的标签。此举造成了极坏的国际影响，"德国制造"成为廉价、低劣的代名词，1887年，英国在修改《商标法》时，专门规定所有德国进口商品必须标明"德国制造"，以此区分两国产品并引导消费者自觉抵制"德国制造"。为了扭转世界各国对"德国制造"的歧视现象，德国人认识到，质量才是企业发展的核心竞争力，必须大力提升工业产品的质量,把"德国制造"从假冒伪劣变成优质创新的代名词。在德国制造业的蜕变过程中,德国人所秉持的严谨细致、精益求精、专注静心的工匠精神逐渐深入人心,成为德国产品享誉世界并引领潮流的强大内在动力。

德国工匠精神的首要特征是严谨细致。这和德国人的宗教信仰、日常生活中守规有序、尊崇整洁的习惯以及长期形成的勤奋节俭、严谨准时的民族性格密不可分。这种严谨细致体现在产品设计、生产、制造到销售和售后的每一个零件、每一道工序、每一步操作、每一件产品上。德国工匠精神的第二个特征是精益求精。在德国,工匠们有着较高的社会认同度、体面的薪资水平,能够用毕生精力打造手中的产品,能够专注于追求产品品质,对产品缺陷几乎到了零容忍的状态。"不因材贵有寸伪,不为工繁省一刀",孜孜不倦地专注于产品质量的持续提升,在高标准的基础上不断提高产品工艺,顺应技术变革和市场需要,在追寻创新的过程中升华。德国工匠精神的第三个特征体现在专注静心。他们相信"慢工出细活",不盲目扩张,而是稳扎稳打,专注、认真、静心地做好每一件产品,在一个行业中潜心深耕。"为什么在这个只有8000万人口的国家,竟有2300多个世界品牌。是什么原因造就了享誉世界的'德国制造'?"在一次记者招待会上,一位外国记者对德国西门子总裁彼得·冯·西门子提出该疑问。总裁这样回答道:"这靠的是我们德国人的工作态度,是对每个生产技术细节的重视,我们德国的企业员工承担着要生产一流产品的义务,要提供良好售后服务的义务。"

> 延伸阅读

火花塞研发者博世：将产品做到极致

博世集团是德国的工业巨头，这家百年老店的缔造者就是罗伯特·博世，他凭借自己的创新意识和品质坚守，为初创时期的博世集团注入了独特的基因，为这家百年老店在日后大浪淘沙的市场中屹立不倒奠定了基础。

1861年，罗伯特·博世出生在德国乌尔姆的一个小村庄。他曾经在技术学校学习精密机械知识，之后又供职于多国的电气设备制造公司。在这期间，罗伯特·博世为了不断提高自己的专业能力，一有机会就去参加技术学校开办的专业讲座，迅速提高了电气方面的专业技能。

1886年，罗伯特·博世成立了"精密机械和电气工程车间"，开始了创业之路。他根据自己所学的电气理论知识，废寝忘食地绘制图纸，带领员工不断改良和创新产品。自1897年起，博世公司开始为汽车安装设计更加优良的磁电机点火装置，成为当时唯一真正可靠的点火设备供应商。这个磁电机点火装置是博世走向正轨的基石，成为博世的象征，也为博世揭开了持续创新的篇章。1902年，博世第一个具有高压电磁点火系统的火花塞研制成功，并且把这种火花塞安装在一部汽车的发动机上。这个极具开拓性的专利发明解决了被奔驰汽车公司创始人卡尔·本茨称为"难题中的难题"的早期汽车发动机点火技术的主要问题。它不仅是汽车发展史上划时代的技术突

> 破,更成为汽车发展史上一个关键的转折点。
>
> 罗伯特·博世是"工匠精神"的笃信者,也是个技术拥趸,勇于创新、善于创新。他视产品质量如企业的生命,对于公司产品的质量要求非常严格,不允许产品有任何的瑕疵。虽然在平时的工作中他对待员工非常亲切,但如果在产品检测中发现质量问题,他会勃然大怒。他最负盛名的一句话就是"我宁愿损失金钱,也不愿失去别人对我的信任"。他给公司员工注入对品质的坚不可摧的信念,让每一名员工在心里真正建立起一套将产品做到极致的工匠信仰。
>
> (资料来源:《古今中外工匠精神故事汇》,职业杂志社编)

(二)日本的匠人精神

日本匠人最初出现在江户时期(1603年至1867年),工匠、技师等职业人都被称为匠人。那时候,匠人与商人同被称为町人。町人信奉职业道德,平等意识强烈,有着极强的自尊心,视产品质量如生命。到了幕府时代,日本人很尊重有技能的人,匠人的社会地位较高。匠人对自己的每一件作品都力求尽善尽美,并以自己的优秀作品而自豪。明治维新后,日本引进了欧洲的工业技术,大量私人小工厂出现。工厂的老板被称为"职人","职人"会尊崇"子承父业",将技术传下去。到了现代,"职人"变成了拥有卓越金属加工技术的人。日本街道小厂里的很多工人,能够将铜箔的厚度切割到头发丝直径的1/10,技艺精度达到很高水平。可以说,匠人和匠人精神为近代日本企业的崛起发挥了至关重要的作用。

据相关统计显示[1]，在日本，从创业到现在连续经营百年以上的企业多达25321家，连续经营200年以上的企业有3937家，连续经营300年以上的企业有1938家，连续经营500年以上的企业有147家，连续经营1000年以上的企业有21家。在这些长寿企业发展的背后，匠人精神是企业管理层与员工共同的文化与理想价值观，从而激发员工的内在动力，提升企业的整体效率。匠人精神的实质其实是一种人生态度、工作态度。工作不仅是谋生的手段，更是掌握技艺从而修炼人生、磨砺心性的过程。匠人精神首先就是爱业情怀，很多匠人对工作有着深厚的情感和敬畏之心，勤勤恳恳地致力于提升产品质量、雕琢产品细节、改善顾客体验。"秋山木工"公司创始人秋山利辉在其所著的《匠人精神——一流人才育成的30条法则》一书中就写道："没有超一流的人品，单凭工作打动人心是不可能的，只有丢掉小小的自尊，谦虚地当一次'傻瓜'，才可能成为一流匠人。"匠人精神还强调专业精神。从大制造企业的生产车间，到可能只有几个人的小作坊，都有明确的规章制度与分工，对工作人员的衣着打扮、工具器械、机器操作、制作流程等方面都有着严格规定。这种专业精神的形成，与历史渊源和生活习性有着密不可分的关系。匠人精神还体现在淡然安分。他们对职业有着极高的融入度和耐心，能够全心全意钻研技术，一心一意深耕细作，逐渐形成了匠人们脚踏实地、心无旁骛的性格和品行。

---

[1] 后藤俊夫编著：《工匠精神——日本家族企业的长寿基因》，中国人民大学出版社2018年版。

> 延伸阅读

独特的匠人研修制度

"秋山木工"有一套独特的"匠人研修制度"。

年轻的见习者称为"丁稚"（学徒），住宿舍过集体生活，培养基本生活习惯，并学习正式的木工技术。江户时代的制造业界，采取徒弟住在师傅家里劳动的学徒制度。在关东，人们称呼学徒为"坊主"或"小僧"，关西则称作"丁稚"。他们在和师傅一起生活的过程中学习技术和培养品行，最后成长为能够独当一面的真正工匠。

我出生在奈良县明日香村，在大阪度过了居于人下的学徒时光。年轻时所经历的学徒制度，后来成了"秋山木工""匠人研修制度"的蓝本。说起来，我是在学徒制度快要消失的时代，赶上了学徒制度的最后一班列车，继承了和师傅亲密接触传承技艺的基因。

在"秋山木工"，凡是希望成为家具匠人的人，首先要进秋山学校完成整整一年的学徒见习课程。秋山学校是一所寄宿制学校，目的是要培养学员具有真正匠人的心性和基本生活习惯，透过实习和研修让学员好好学习基本知识。学费全免，并针对全体学员设有无须偿还的奖学金。一年的学徒见习课程结束后，才能被录用为正式学徒，然后开始为期四年的基本训练、工作规划和匠人须知的学习。经过四年的学徒

> 生涯，唯有在技术和心性方面磨炼成熟者，才能被认定为匠人，我会发给他们每人一件印有姓名的"法被"（日式短上衣）。从那时（第六年）开始到第八年的三年间，他们作为匠人，一边工作，一边继续学习。秋山学校学员一年，加上学徒四年、工匠三年，合计八年的时间。在这期间，作为一名合格匠人所应具备的全部素质已经养成，从第九年开始，我就让他们独立出去闯荡世界了。
>
> 每个人独立的方式都不同，由他们自己选择。有的在企业集团内部工作，有的进入其他工房继续深造，有的则是回到家乡自己创业，还有些匠人自己就成为一个活跃于世界各地、到处都通用的品牌。
>
> （资料来源：《匠人精神——一流人才育成的30条法则》，秋山利辉著）

（三）瑞士的工匠精神

提到瑞士的工匠精神，首先想到的就是瑞士的钟表业，可以说在一定程度上，钟表制造就是瑞士工匠精神的主要来源和集中体现。第二次世界大战爆发前，全世界90%的钟表都产自瑞士。可时至20世纪70年代，在更加便宜、轻便、准时的日本石英表大举进攻下，瑞士传统的机械表经历了前所未有的"石英危机"。在短短十年间，瑞士出品的钟表产量在全球市场中的份额从43%断崖式滑落至15%，超过十万名钟表工匠失业。当时，市场人士普遍认为，瑞士钟表，特别是机械表的末日已经降临。然而，瑞士钟表业者拒绝随波逐流，而是专注自身升级，坚持用工匠精神精造手工机械表。在经历了二十多年的艰难转型之后，瑞士钟表业不仅走出了低谷，而且迎来了空前的繁荣。[1]

瑞士的工匠精神的特点首先是坚定执着。从钟表业到精密机械，高品质常常需要依托于枯燥的制造流程。瑞士人拒绝"朝三暮四"，而是专注自身升级，靠着坚定执着在欧洲屋脊上开创了自己的巅峰产业。其次是精益求精。每一块顶级钟表的零部件，都是由钟表工匠们手工精心打磨而成的，一些零部件甚至细如毫发、轻如鸿毛。在工匠们眼中，只剩下对制造的一丝不苟、对质量的精益求精、对完美的孜孜追求，仿佛每一件顶级钟表产品都是一件值得传世的作品。而瑞士的工匠精神中最核心的特点当属开拓创新。开拓创新与坚定执着毫不矛盾，开拓创新更是精益求精的必然结果。对于瑞士工匠而言，"只有更好，没有最好"绝非一句空洞的口号。为了追求极致化体验，瑞士工匠不断改善自己的工艺，创新自己的产品[1]。值得一提的是世界钟表史上公认的最伟大发明之一——陀飞轮技术。1795年，瑞士钟表大师路易·宝玑发明了一种精巧绝伦的钟表调速装置，它由72个精细零部件组成，其中大部分为手工制作，重量不超过0.3克，即一片天鹅羽毛或两片鹦鹉羽毛的重量。陀飞轮的惊人贡献在于，它能够最大限度地使钟表摆脱地球引力的影响，补偿重力对走时精确度造成的损失。

1　http://finance.china.com.cn/roll/20160414/3675946.shtml

> 延伸阅读

17年生产8块表 一位瑞士工匠与他的钟表

质量之魂，存于匠心。工匠精神在钟表行业中展现得最为淋漓尽致，一枚方寸之间的机械手表汇集了几百个零件，精巧灵动、细丝如发。2017年4月23日，在由中国质量万里行促进会等单位联合主办的中瑞工匠精神高峰论坛上，来自瑞士的独立制表师David Candaux讲述了一枚钟表的制作工艺，展现了工匠精神带给一个行业生生不息的发展动力。

"工匠精神包含传承与创新。"David Candaux的父亲是瑞士顶尖制表人Daniel Candaux，David在很小的时候就被父亲放在膝盖上，耳濡目染父亲的制表过程，"这种匠人精神代代相传，已经渗透到了我的血液里"。

人口仅有800多万的瑞士，之所以能够列入全球百年老店最多的国度之一，其钟表业功不可没。David Candaux说，瑞士钟表之所以巧夺天工，正是工匠精神经年努力，代代传承，持续改进，不断追求完美的结果。

在钟表行业，手工的加工精度要比机械化生产更高，所以制作一枚顶级腕表需耗费较长的工时与大量的精力，David Candaux经过17年的技艺积累以及整整一年时间的手工打造，才生产出了8枚腕表。其中，表盘的玻璃花了200多个小时，防震设计经过了试验机12000次测试……

> "我只是制表行业两千多年历史长河中的一粒小水滴。"David Candaux的8枚腕表，既有传统的传承，又在功能和外观上有所创新，它所独有的斜式机芯设计、技术数据刻制在机芯上、隐秘式把头等细节设计处体现了工匠精神。David Candaux说，正是无数匠人对机芯、表冠、表盘、表壳、指针等零部件的精雕细琢，才造就了高水准的"瑞士钟表"。
>
> （资料来源：中国质量报，https://www.cqn.com.cn/zgzlb/content/2017-04/25/content_4216409.htm）

二、古代中国的工匠精神

在我国几千年文明史中，工匠精神源远流长。对于工匠精神的诠释可以追溯到春秋战国时期，《周礼·考工记》曾记载："知者创物，巧者述之，守之世，谓之工。百工之事，皆圣人之作也。烁金以为刃，凝土以为器，作车以行陆，作舟以行水，此皆圣人之所作也。"从《诗经》中的"如切如磋，如琢如磨"到《庄子》中记载的"庖丁解牛"，还有"巧夺天工""匠心独运""技近乎道"等成语，都是对这种精神的高度概括。

（一）"尚巧达善"的价值追求

"尚巧"，就是在制造过程中追求技艺之巧，从"'工'，巧饰也"（《说文解字》）到"作巧成器曰工"（《汉书·食货志》），可见"巧"是"工匠"一词的基本涵义，同时也构成了工匠这个群体独特的职业特征。《荀子·荣辱》中这样写道："农以力尽田，贾以察尽财，百工以巧尽械器，士大夫以上至于公侯，莫不以仁厚知能尽官职。"我们常常用"能工巧匠""巧夺天工""巧同造化""鬼斧神工"之类的词语来表达对工匠的赞美之情。而"达善"，即是指工匠要竭尽全力提升自身的技艺水平，练就创造性思维和品格。时至今日，木工师傅仍在使用的很多工具，如钻、刨子、曲尺、墨斗等，相传都是春秋时期的鲁班发明的。鲁班被誉为"鲁之巧人"，《墨子》称其"为楚造云梯之械"，能"削木以为鹊，成而飞之"。鲁班能够成为木工制造的一代祖师，首要原因就是他对木工技艺的执着专注。为了打牢基本功，他进行了长期的艰苦磨炼。年轻时走在生产劳动一线，不畏辛劳、专心致志，对劳动产品和生产过程精益求精。另一个原因就是创新。鲁班绝不满足于重复生产流程，而是善于观察，善于积累和发现，勇于尝试和追求，在精雕细刻中追求极致的品质，由此引领生产工具的革新。又因创新而升华，形成更高层次的生产形式和技艺水平。鲁班创造出许多灵巧实用的工具，广泛应用在现实生活中，让当时的人们从原始、繁重的手工劳动中解放出来，极大提高了工作效率。

> **延伸阅读**
>
> ## 一代祖师鲁班：靠"智造"流芳千古
>
> 鲁班，生于春秋末期鲁定公三年（公元前507年），姓公

输,名般,因为他是鲁国人,"般"与"班"同音,所以后人称他为鲁班。鲁班一生有很多发明创造,当时人们很钦佩他,称他为"巧人",后世土木工匠尊称他为"祖师"。

据明代罗顾所著的《物原》记载,刨子是鲁班发明的。在鲁班以前,制作平滑木板,都是用刀斧之类工具砍,这种方法不仅效率低,造出的东西也比较粗糙。即使是鲁班这样一个手艺高超的木匠,遇到木纹粗或节疤多的木料,也很难砍得平滑。在劳动实践中,鲁班不断摸索,发现用比较薄的斧头削砍木料较省力,也容易使木料平滑。于是,他仿照斧头的样子磨了一把小小的薄铁"斧头",并在上面盖块铁片,只露出一条窄刃,往木料上一推,果然能把木料表面推得既平整又光滑。但是,这个"斧头"在使用时既卡手又使不上力,于是鲁班又把它装在木头基座里,这样,世界上第一把刨子便诞生了。

传说木锯也是鲁班发明的,并且流传着一段很生动的故事。有一次,鲁班和一批工匠接受了一项建筑工程任务,需要大量木料。在寻找木料的过程中,他们拿着斧头上山砍伐木料,连续干了十多天,斧头都砍出缺口了,大家也筋疲力尽,可木料还是供应不上。见此情形,鲁班迫切地想要找到解决办法。有一天,天还未亮,鲁班便上山寻找木材。当他上山时一不小心,长满老茧的双手被一种名为丝茅草的植物划破了。鲁班感到奇怪,这种叶子为什么这样锋利?便摘下一片叶子仔细观察。他发现这种叶子的两侧是齿状的边缘,心里顿时一亮:这样尖锐的小齿既然能把人的手割破,那按照它的形状做一种

> 工具用来砍伐木料，不是解决了大问题吗？
>
> 　　说干就干，鲁班用斧头将一块竹板砍成齿状，然后在一株小树上锯了几下，果然，树皮便被锯开了。但锯了一会儿，竹板上的小齿有的断了、钝了，不能再用。"如果用铁片代替竹板会不会更好？"鲁班想，"用铁片制成丝茅草的齿状，让工具既拥有斧头的锋利，又拥有齿状的刀刃，这样不就两全其美了吗？"于是鲁班带上一棵丝茅草来到铁匠的家中，请铁匠按照丝茅草的齿状，打造一把带有小齿的"斧头"。就这样，世界上第一根铁质锯条诞生了。
>
> 　　之后，鲁班又在铁条上安装了一副木框，使用起来更方便，这就是最早的锯。锯为木匠们带来了许多方便，也大大促进了社会生产的发展。
>
> （资料来源：《古今中外工匠精神故事汇》，职业杂志社编）

（二）"求精缜密"的工作态度

　　从粗糙、不规则的"打制"石器，到光滑、匀称的"磨制"石器；从"未有麻丝，衣其羽皮"（《礼记·礼运》）到"嫘祖始教民育蚕，治丝茧以供衣服"（《通鉴纲目外记》）；从简单的石器、骨器、木器等工艺制作，到复杂的制陶、纺织、房屋建筑、舟车制作等原始手工业，无不体现了古代工匠艺人追求技艺精湛和产品精致细密的工作态度。《诗经·卫风·淇奥》曰："如切如磋，如琢如磨。""切"是把骨头制成器物，"磋"是加工象牙，"琢"是治玉，"磨"是把石头打磨成器物。诗中以工匠加工器物为喻体，正说明工匠在制作器物时的一丝不苟和精益求精的工作态度。儒家借鉴了这一精神,将其作为治学和修身的方法,《大学》曰:"如切如磋者,道学也;如琢如磨者,自修也。"明代的朱熹进一步提炼出它的核心特质,"言治骨角者,既切之而复磋之;治玉石者,既琢之而复磨之;治之已精,而益求其精也"。由此,产生了"精益求精"一词。由于它对为学、修身、做事所发挥的积极作用,使得它也因此获得道德意义,从而成为工匠所追求的一种重要美德。[1]

> **延伸阅读**
>
> ## 赵州桥建造者李春:用创新垒出世界最早石桥
>
> 李春是我国隋朝著名的石匠。他不仅具备凿石刻石技术,而且能够设计和建造宫室、桥梁等大型建筑物。他这种本领的得来,一方面是由于自己好学,善于动手动脑;另一方面是由于他有一个技术高超的师傅。他的师傅和他感情很深,对他非常器重,把全部技能毫无保留地传授给了他。
>
> 有一天,李春听说师傅病得很厉害,便马上去看望。李春的家和师傅的家相隔一条河——淡河。当他来到河边时,正好赶上下暴雨,河里的水湍急翻滚,根本过不去。李春呆呆地站在雨中,他着急去看师傅,却由于河水阻挡不能过

---

[1] 《经济日报》,2017年1月4日,http://www.ce.cn/xwzx/gnsz/gdxw/201701/04/t20170104_19364210.shtml。

去。无奈，李春只能等到雨停水退后，蹚水过河赶到赵州城里，但是师傅已经离开了人世。李春为此十分伤心，抚摸着师傅留给自己的几个精致的石桥模型，立下誓言：一定要在河上建一座石桥，为赵州百姓造福，也弥补自己对师傅的亏欠。为了造桥，李春做了充分的准备。他首先对洨河流域进行了调查研究。经过长途跋涉，李春用了半个多月的时间找到了河的源头，沿途考察了洨河的河床，掌握了洨河各方面的特点。他还访问了一些石匠，了解他们以前造桥失败的原因，吸取教训。在总结经验的基础上，他对这座桥的造法进行了精心设计，大胆地提出了"空撞券桥"（半圆的桥洞、门洞之类的建筑叫"券"，券的两肩叫"撞"）的设想。他还设计在券的两肩上造两个小券，这些券都制成劣弧。这样做的好处是：在洪水季节，河水水位猛涨，流量很大，一部分水可以从小券通过，减轻对桥体的冲击，保证石桥的安全。如果把桥的撞砌实，水流不畅，洪水容易冲垮石桥。李春的设计，不仅可以增强桥的坚固性，而且节省石料，减轻桥的重量，同时还可使桥型匀称、轻巧，显得格外美观。这样的设计充分表现出李春非凡的智慧和卓越的创造才能。

正式动工时，李春组织了大批年轻力壮的石匠凿石，在每块拱石的两侧都凿出有规则的斜纹，使拱石拼砌后紧密牢固。李春还请来铁匠，锻造一些"腰铁"和"铁拉杆"，把各个券的石块连接得更加结实。

这座桥就是位于河北赵县的安济桥，史称"赵州桥"。李春

> 用他的聪明智慧在我国建筑史上写下了光辉的一页。据考证，赵州桥经历了10次水灾、8次战乱和多次地震，特别是1966年3月8日邢台发生强烈地震，距离震中很近的赵州桥丝毫没有损坏。著名桥梁专家茅以升评价，先不说赵州桥的内部结构，仅凭它能够存在1400多年就说明了一切。
>
> 赵州桥是世界上最早的石拱桥，比世界上其他国家最早的石拱桥——法国泰克河上的赛雷桥早了700多年，同时赵州桥的坚固性也大大胜出。目前，具有1400多年历史的赵州桥依旧完好无损。
>
> （资料来源：《古今中外工匠精神故事汇》，职业杂志社编）

（三）"道技合一"的人生境界

对技艺和产品精益求精的追求并不是那些高明工匠们的真正目的。娴熟的技巧对于他们而言，只不过是通往"道"的一种途径。在他们眼里，真正的"道技合一"的境界，是不以技艺的提升为目的，而是通过"技"的过程来体悟"道"的真谛，从而实现人生意义的超越。同时通过对"道"的认识和体悟，促进"技"的炉火纯青。庄子笔下的庖丁就是这样的工匠，他为文惠君解牛，"手之所触，肩之所倚，足之所履，膝之所踦，砉然响然，奏刀騞然，莫不中音。合于《桑林》之舞，乃中《经首》之会"。如此高超的技艺，令文惠君拍案叫绝。但庖丁解牛的妙处并不在于他的技艺，而在于他的认识和体会。庖丁回答文惠君说"臣之所好者，道也，进乎技矣"。

劳模精神、劳动精神、工匠精神

延伸阅读

梓庆削木为𬭊，缘何惊犹鬼神？

梓庆削木为𬭊，日成，见者惊犹鬼神。鲁侯见而问焉，曰："子何术以为焉？"对曰："臣，工人，何术之有！虽然，有一焉。臣将为𬭊，未尝敢以耗气也，必齐以静心。齐三日，而不敢怀庆赏爵禄；齐五日，不敢怀非誉巧拙；齐七日，辄然忘吾有四肢形体也。当是时也，无公朝。其巧专而外骨消，然后入山林，观天性，形躯至矣，然后成见𬭊，然后加手焉；不然则已，则以天合天，器之所以疑神者，其是与！"

——《庄子·达生》梓庆篇

梓庆是鲁国的一位工匠，𬭊（jù）是古代的一种乐器。话说梓庆用木头雕刻的𬭊，见过的人都觉得精巧到只有鬼神之工才能做得出来。

鲁王很惊叹，就召见梓庆问："这么精妙的东西先生能作出来，有什么奥妙？"梓庆谦逊地说："我只是一个木匠，哪有什么奥妙呢？只不过在做工前，我不敢耗费精神，静养聚气，让心沉静。斋戒三天，我不再怀有庆贺、赏赐、获取爵位和俸禄的思想。斋戒五天，我不再心存非议、夸誉、技巧或笨拙的杂念。斋戒七天，我已不为外物所动，似乎忘掉了自己的四肢和形体。然后我便进入山林，观察各种木料，选

136

> 择好质地、外形最与镲相合的，此时镲的形象已经呈现于我的眼前。然后我将全部心血凝聚于此，专心致志，精雕细刻，用自己的纯真本性融合木料的自然天性制作，器物精妙似鬼神之工，也许因为这些吧。"

第二节　工匠精神的主要内容

2020年11月24日，习近平总书记在全国劳动模范和先进工作者表彰大会上指出，在长期实践中，我们培育形成了"执着专注、精益求精、一丝不苟、追求卓越的工匠精神"。同年12月10日，习近平总书记致信祝贺首届全国职业技能大赛举办，强调要培养更多高技能人才和大国工匠。

一、执着专注

执着专注是优秀工匠的必备品质。执着就是持续、长久甚至用一生来从事自己所认定的事业，无怨无悔，永不言弃。专注就是把精力全部凝聚到自己认定的目标上，一心一意走好自己的路，不达目的誓不罢休。优秀工匠都是有大智慧的人，他们知道自己应该追求什么、舍弃什么；优秀工匠也都是有毅力的人，他们知道如何才能坚守自己的理想而不会功亏一篑；优秀工匠更是有信念的人，他们知道只有锲而不舍、专心致志、淡泊宁静，才能在平凡的工作中锤炼自己的才干，施展自己的抱负，从而实现自己的价值。

> 延伸阅读

变电检修界的"福尔摩斯"——魏晓伟

2006年,大学毕业的魏晓伟来到国网冀北检修公司,成为一名变电设备检修员。十多年过去了,他依然坚守在检修一线,虽然工作地点、内容都没有变,但是他却完成了自己的人生蜕变,实现了从"职场菜鸟"到技术领头人的华丽转身,成为了变电检修界的"福尔摩斯"。2021年,他获得第二届"北京大工匠"荣誉称号。

2019年国庆节期间的一天,魏晓伟接到公司生产指挥中心通知,告知变压器有跳闸的风险。他立刻带上工具,率领班组成员奔赴现场,第一时间对设备进行了全面抢修。从接到通知到问题解决,前后不足一个小时,他成功地解决了问题,保障了安全用电。作为一名检修员,这样的情况对他来说已是"家常便饭"。他带领团队自主研发绝缘无人机变电巡检,填补了该领域技术空白,更是被传为一段佳话。

"我们负责维护的是500千伏和1000千伏的电力设备。电压等级过高,运行时受限于绝缘距离,运维检修人员无法靠近,只能在远处观察,这样就很难把握设备的运行状况,所以我就想能不能用无人机代替我们的眼睛去看。"魏晓伟讲述当时设计绝缘无人机的初衷。

虽说用无人机巡检的方法很便捷高效,但是把想法变成现实却面临着不少难题,主要的问题有三个:电气绝缘、电磁干扰以及高精度定位。为了解决这三个拦路虎,业余时间,魏晓伟和创新工作室的成员都会聚在一起想办法、做试验。从整体无人机的气动布局设计,到传动系统的实际验证,再到最关键的绝缘性能构想和计算……这群热情的年轻人一步步实现着自己的梦想。经过反复试验和修改,历时四年,他们终于跨越了电场和距离的限制,研制出了全绝缘无人机,让"眼睛"来到了电力设备身边。

匠人匠语

一心在一艺,其艺必工;一心在一职,其职必举。

二、精益求精

精益求精作为一个古老的成语,意思是已经把事情做得非常出色了,但还要追求更加完美。作为一种精神,精益求精是优秀工匠共同具有的思想特质和从业准则,那就是"要做就要做最好"。他们以严谨的工作态度、纯粹的专业眼光严苛地审视自己的工作,酝酿最完善的工艺流程和技术关键,不允许有任何疏漏;他们一板一眼、一丝不苟地做事,杜绝任何投机取巧的行为,甚至将"捷径"看作是最大的"弯路",把"敷衍"看作是对自己的"犯罪";他们在精、细、实上下足功夫,不允许自己的产品有任何瑕疵;他们用心工作,在每个细节上都精雕细琢，直到穷尽自己的心智；他们追求极致，力求让手中所出的每一件产品都是精品乃至极品，并融入自己的独特技艺和精神气质。

> **延伸阅读**
>
> ## "多面手"打造智慧楼宇——孔祥江
>
> "未来，客户可以通过我们的系统预定车位；凭借二维码，客户乘坐电梯可自动停在所在办公楼层……"智能楼宇管理员孔祥江描述着他心目中智能楼宇的应用场景。"智能楼宇的核心是5A系统，包含办公自动化系统、通讯自动化系统、消防自动化系统、安保自动化系统以及楼宇自动控制系统。"孔祥江的工作就是通过灵活运用上述系统，实现对整个楼宇设施设备的有效监视和控制。"在实际工作中，涉及的内容还有很多，比如说消防联动还涉及强电、空调、给排水等系统。所以，想要独当一面，就要做'多面手'。"
>
> 2020年，集团接手新项目，孔祥江负责更换安防系统。通道门禁、电梯门禁、速通门……系统更换涉及新项目大楼里近100道门。多方面综合考虑后，孔祥江着手制定更换安防系统的详细方案，仅用了一个晚上的时间，就保证了新系统的快速启用。孔祥江还将楼里的消防控制室和安防控制室同步进行了整合，将消防控制系统移机到原安防控制室里。

为了保证移机顺利，他把消防控制系统的机柜样式从琴台式换成了更节省空间的柜式。整合工作在一周内顺利完成，经过测试，系统全部运行正常。

"智慧楼宇是智慧城市建设的重要组成部分，我将一直围绕客户需求，努力学习，提升自己的能力，积极实践，将日新月异的技术应用到我服务的楼宇里，让大家感受到便捷、舒适。""北京大工匠"孔祥江如是说。

匠人匠语

对待每一件事情都要专注和认真，不断追求卓越，精益求精。

三、一丝不苟

"天下大事，必作于细。"一丝不苟是优秀工匠的自我要求，是细节上的坚守、态度上的严谨。首先体现在对待细节的坚守。优秀工匠不会放过任何一个细节，按照规范将误差控制在理想状态。他们秉持着"差之毫厘，谬以千里"的理念，不惜花费大量时间和精力，精心打磨、专心雕琢每一个零件、每一道工序、每一次组装。其次体现在工作态度上的严谨。优秀工匠对完美有着近乎偏执的追求，时时刻刻以最高标准要求自己，他们永远不会满足现状，而是敢于挑战艰巨的困难、超越旧有的局限，做到极致、臻于化境才是最终目标。

劳模精神、劳动精神、工匠精神

> 延伸阅读

0.01毫米的"较量"——李明洋

"当看到旋转的刀具在金属表面上划出一道道完美的弧线时,我就知道自己离不开数控这一领域了。""北京大工匠"、航天科工集团第三研究院北京特种机械研究所首席技师李明洋深情地说,此刻距他第一次踏入航天企业大门,已有16年的时光。

刚入行时,李明洋曾因为粗心闯过"大祸"。那时机床更换刀具只能通过手工操作,在一次加工重要零件时,他竟将10毫米铣刀误认为8毫米铣刀装入主轴,导致零件尺寸超出图纸1毫米而全部报废。从那以后,每一次操作前他都反复进行检查,尤其是在运行数控程序前,除了进行计算机模拟仿真,他都会在机床上实际确认轨迹,确保无差错才加工。现在,终日与0.01毫米公差"较量"的他还始终留存着当年那块整整差出1毫米的废件。

工作中,李明洋总结归纳形成了自己独有的"望闻问切"之法:通过用心观察产品表面纹路,识别表面粗糙度是否符合标准;通过辨听机床切削声音状态,判断刀具磨损状态与加工功率是否正常;通过切屑外观,判别加工参数是否合理。镍基合金材料在行业内是公认的难切削材料,塑性变形大,冷硬状态严重,导致其加工过程中刀具磨损剧烈,稍有不慎就会形成折刀甚至崩件,所以在加工时要有100%的细心与耐心,不仅要观察切屑的颜色，更要持续关注切屑的断面情况。心有精诚、手有精艺，李明洋"望闻问切"的制胜法宝，是他一生受用不尽的宝贵财富。他不断努力创新，攀登一座又一座技术高峰。

> **匠人匠语**
>
> 以匠心诠释工匠精神，以细节铸就航天品质。

四、追求卓越

追求卓越，就是在自己的本职岗位上力争做到更好，在改进产品质量和流程上追求创新。杰出的工匠不仅注重传承前辈的优秀经验，更强调在此基础上永不止步、与时俱进、改革创新。他们不拘泥于传统、不固守于惯例，而是敢于突破常规、打破僵化、解放思想、别出心裁，积极开展技术改革，大胆运用新的工艺措施，将创新由可能变为现实。因此，追求卓越、传承创新的内涵促使工匠精神能够经受住岁月的洗礼，不断焕发出新的魅力与光彩。

> **延伸阅读**
>
> ## 94万里路的生命牵挂——阮卫方
>
> 城市轨道交通列车怎么才算安全行驶？"北京大工匠""全国交通技术能手"城市轨道交通列车驾驶员阮卫方

介绍说"北京地铁有着非常苛刻的标准：列车晚点5分钟以上算事故；某个车门未关闭列车启动算事故……要保证安全行车，必须做到万无一失，只要发生一次事故，不管什么原因，累计的安全里程就会被清零，从头来过。"

阮卫方经常把"没有金刚钻别揽瓷器活儿"挂在嘴边。所谓"金刚钻"，就是他多年的行车经验加过硬的车辆理论基础，电动列车的主回路、辅助回路电路图早已牢牢地印刻在他脑子里，那些图纸上对应的开关、保险、电气箱所在列车的位置他也烂熟于心，这才成就了他敢于在运营线开箱子换部件的绝活。

行车工作看似简单其实非常复杂烦琐，任何一点失误都会带来严重的后果。有一次，阮卫方在列车行使过程中发现操纵车底部有异音，打开地板盖发现是1号车2台车3位牵引电机异常。凭着多年的行车经验，他判断有可能是电机轴承塌架。他果断与行车调度员联系，掉线回段。列车回库后，经检查发现果然与其判断相符，防止了一次列车机破堵塞正线的重大事故。

随着北京地铁不断发展壮大，新人的培养是一个重要方面。"坚持精神集中、坚持呼唤确实制度、坚持不盲目赶点和不臆测行车……注意弱势群体、注意外地乘客、注意……"阮卫方自创的"三坚持、三熟知、三注意、三步骤"行车口诀，由于简单易操作并朗朗上口，已被中心的年轻司机奉为行车必备的经验宝典。

> **匠人匠语**
>
> "工匠精神"就是追求卓越的创造精神、精益求精的品质精神、用户至上的服务精神。

第三节 工匠精神的价值意蕴

新时代大力弘扬工匠精神，对于实现中华民族伟大复兴的奋斗目标具有重要价值。实现中华民族伟大复兴不只需要中国精神的引领，更离不开各行各业劳动者大力弘扬工匠精神。当前，我国正在实施创新驱动发展战略、推动产业转型升级更新换代，惟有铸造一大批崇尚和践行工匠精神的劳动者队伍，才能为推动我国经济高质量发展，跻身制造强国行列提供坚实的人才支撑和保障。

一、工匠精神在国家层面的价值意蕴

我国是世界制造业第一大国，在世界500多种主要工业产品中，我国有220多种工业产品的产量位居世界第一。但总体而言，我国制造业大而不强，实现制造业转型升级迫在眉睫。面对世界百年未有之大变局，站在新的历史起点上，要想提高中国在国际舞台上的竞争力，需要中国制造转型升级，而工匠精神是实现这一转型升级的重要精神支撑。

（一）有助于推动实现中华民族伟大复兴的中国梦

实现中华民族伟大复兴需要全国各族人民勠力同心，更需要每一位劳动者的劳动创造。中国梦是国家的、是民族的，但同时也是我们每一个人的，需要每一名劳动者都积极贡献自己的力量，用实干托起未来，用奋进实现梦想，用工匠精神铸就中国梦。工匠精神强调的精益求精、一丝不苟，能够激励劳动者以饱满的热情主动投入工作；工匠精神倡导的执着专注、追求卓越，能够培养劳动者良好的劳动习惯，把优秀品质内化于心、外化于行，使优秀的劳动品质成为打造高品质产品的保障。

（二）有助于实现制造业强国的战略目标

制造业是国民经济的主体，是立国之本、兴国之器、强国之基。打造具有国际竞争力的制造业，是我国提升综合国力、保障国家安全、建设世界强国的必由之路。2015年3月5日，李克强总理在全国两会上作政府工作报告时首次提出"中国制造2025"的宏大计划。针对我国作为世界制造业第一大国面临大而不强、产品多而精品少的局面，必须加快制造业的升级，实现技术突破和产品品质提升，关键在于提高制造业的创造水平与创新能力，而助推创新发展离不开工匠精神这一重要精神动力。在每一个工作岗位，劳动者都能守匠心、怀匠德、求匠技，才可能实现技术突破和技艺创新；在生产制造的每一个环节，劳动者都能始终精益求精，追求卓越完美，才有可能实现品质提升和超越发展。我国要实施创新驱动发展战略、推动产业转型升级更新换代，就必须铸造一支崇尚和践行工匠精神的劳动者队伍。

(三)有利于提升中国品牌的国际形象

国际品牌意味着制造产品或提供服务的企业在全球范围的行业领域内处于领先性和主导性地位,拥有国际品牌形象的企业也因此可以获得高额的产品或服务附加值,创造更大的企业价值。作为世界第二大经济体、第一制造业大国,我国在国际上真正拥有的品牌还为数不多,绝大多数"中国制造"的商品国际市场利润低。要想提升品牌形象,就需要在产品生产和服务的每一个环节都秉承工匠精神,把工匠精神融入设计、生产、经营的每一个环节,做到精雕细琢、追求完美,实现产品本身由"量"到"质"的转变、产品服务从提升到飞跃的改变。只有通过弘扬工匠精神,让每个劳动者恪尽职业操守,崇尚精益求精,进而培育众多大国工匠,不断提高产品质量,才能打造更多享誉世界的中国品牌,建设品牌强国,提升中国品牌的国际形象。

二、工匠精神在社会层面的价值意蕴

(一)彰显社会主义核心价值观

工匠精神所内含的精益求精的作风、执着专注的品质、一丝不苟的态度、追求卓越的信念,与社会主义核心价值观在公民个人层面所倡导的"爱国、敬业、诚信、友善"的价值取向高度契合,不仅是劳动者职业道德的具体表现,更是践行社会主义核心价值观的具体实践。工匠们追求工作效率、提升产品技艺、努力改造创新，不仅是为企业创造效益，更是在自己的工作岗位上为国奉献，这是爱国情怀在工作中的具体体现。工匠们一丝不苟地工作、勤勤恳恳地努力，本身就是在践行着敬业。他们严谨细致、精益求精不仅是对自己产品品质的保证，更是对自己、对他人诚信的具体体现。一个具备工匠精神的人，也是一个乐于分享、善于分享的人，会将这种友善转化为在工作中关爱身边的同事，与他们互帮互助共同进步。

（二）营造尊重劳动的社会氛围

党的十八大以来，习近平总书记多次在讲话中强调尊重劳动的价值理念，"劳动创造了中华民族，造就了中华民族的辉煌历史，也必将创造出中华民族的光明未来"[1]。工匠精神不仅指技艺精湛，更多的是指从事工作的人对自己工作的热爱。成为一名工匠的前提首先是热爱劳动、崇尚劳动。弘扬工匠精神，就是认可劳动者的劳动成果，认可辛勤劳动可以成为技艺精湛的工匠。有助于在全社会形成尊重工匠、尊重人才、尊重创造的良好风气，让广大劳动者不断建功立业新时代。

（三）营造良好的社会道德新风尚

"择一事终一生，不为繁华易匠心。"工匠精神不仅是一种职业气质，更是一种高尚的职业道德，是劳动者在常年的劳动生产中形成的严谨专注、追求极致的劳动态度，是劳动者对完美事物

---

[1]《习近平谈治国理政》第一卷，外文出版社2017年版，第46页。

和高尚人格不懈追求的表现。倡导工匠精神，就是要在全社会倡导这种静心钻研的工作态度，以匠心守初心，以初心致匠心，帮助人们树立正确的价值观，从而形成良好的社会道德新风尚。

三、工匠精神在个人层面的价值意蕴

（一）有助于培养高素质劳动者

从几十年从事火箭发动机焊接、多次攻克发动机喷管焊接技术世界级难关的高级技师高凤林，到从"小砌匠"成长为国际大赛获奖者的"95后"建筑工人邹彬，一个又一个来自各行各业的大国工匠，刷新了人们对工匠精神的认识和理解。近年来，《新时期产业工人队伍建设改革方案》《关于提高技术工人待遇的意见》等一系列政策密集出台，旨在加快高素质产业工人队伍建设步伐，培养更多具备工匠精神的高技能人才。弘扬工匠精神有助于提高劳动者的素质，为中国经济发展培养高素质劳动者。工匠精神包含的一丝不苟、精益求精等职业理念有利于强化劳动者的职业认同感，提高劳动者的劳动自信，引导劳动者学习新知识，促使精益求精、不断创新的优秀品质成为劳动者的价值追求和行为规范，促进劳动者实现其全面发展，从而使工匠精神成为提高劳动者职业技能的有力推手。

（二）有助于提高人生自我价值

自我实现具体表现为自我价值的实现和社会价值的实现。自我价值的实现是指个人从社会中获取个人发展的资源和机会，实现个人的理想和愿望。社会价值的实现是指个人对社会发展的贡献程度，个人社会价值的大小取决于个人对社会贡献程度的高低和贡献量的多少。在工匠们眼中，工作不是流水线上的加工产品、制造环节中的每个细节，而是充满创造和热爱的过程和享受。工匠精神所蕴含的追求卓越、执着专注的价值理念一旦被劳动者所掌握，就会内化为劳动者的品格、能力等，促进提高劳动者的生产率。劳动者在劳动生产过程中受工匠精神的熏陶和影响，能够创造出更多的劳动成果，从而为社会作出贡献，实现人生自我价值的提升。

第四节　如何弘扬和践行工匠精神

工匠精神有着丰富的内涵和多层的要求，其培育和塑造也需多管齐下、综合把握、分类施策、定向发力。要根据职业技能、职业素养、职业理念不同层次的要求，有针对性地培育和塑造。要引导广大职工群众以昂扬奋斗的实干、精益求精的匠心、执着专注的坚守、持之以恒的传承，在平凡的岗位上创造精品和佳绩、展现价值和作为、收获幸福和快乐。

一、强化职业培训，夯实产生工匠精神的人才基础

习近平总书记指出，要完善现代职业教育制度，创新各层次各类型职业教育模式，为劳动者成长创造良好条件。当前，我国职业教育发展投入不足，职业培训体系不完善，培训资源缺乏有

效整合，培训有效性不强、与市场需求脱节，一些企业存在片面追求眼前效益的短期行为而忽视长远发展，参与职业培训积极性不高，影响了职工技术技能的提升，制约着工匠精神的产生。要进一步加大职业培训力度，整合职业教育和技能培训资源，实施企业职工技能提升计划，形成以企业为主体、职业院校为基础、政府推动与社会力量相结合的劳动者终身职业培训体系。要开展现代学徒制试点，推行"招生即招工、入校即入厂、校企联合培养"的经验做法，使新进入企业的职工都有机会接受职业技能培训。积极推广现代学徒制和企业新型学徒制，采取"一带一""一带多""多带多"等多种形式促进"师带徒"活动创新发展，发挥好传、帮、带作用，展示工匠的绝招绝技绝活，使之薪火相传。进一步深化金蓝领工程，开展职业技能竞赛，推动岗位练兵、技术比武等活动，形成以世界技能大赛为龙头、以国内技能竞赛为主体、以企业岗位练兵为基础的职业技能竞赛体系，激发职工学习业务、钻研技术、提高技能、岗位成才，在创业创新的时代洪流中发挥领军作用。

二、健全政策措施，形成培育工匠精神的保障机制

当前，影响工匠精神产生的体制机制因素还不同程度地存在着。技能人才的评价使用和待遇政策不完善、保障机制不健全；学历仍是评价人才的主要指标，职业技能的重要性尚未得到应有的体现，"重装备、轻技工，重学历、轻能力，重理论、轻操作"的观念依然较深；技能人才在就业机会、收入水平、晋级提升等

方面政策支持不够，职业发展通道不畅，上升空间有限，等等。要完善和落实技术工人培养、使用、评价、考核机制，提高技能人才待遇水平，畅通技能人才职业发展通道，完善技能人才激励政策，激励更多劳动者特别是青年人走技能成才、技能报国之路，培养更多高技能人才和大国工匠。加快职业资格证书制度改革，使职业资格证书成为衡量职工技能水平的重要依据，将以学历为主体的单一评价模式改变为以职业能力为导向、以工作业绩为重点的综合评价标准体系。探索技能人才与工程技术人才职业发展贯通的办法，实行职业资格证书和学历证书、职称证书的互通互认。推动企业将技能人才作为人力资本和战略资源，把培育工匠精神作为发展目标纳入企业管理体系之中，制定规划、采取措施，推动技术技能等生产要素按贡献参与分配，使技能人才的劳动付出与其劳动成果等挂钩，保障他们获得相应的物质回报，享受自己的劳动成果。推动有条件的地区、产业、企业布点建设工匠学院，推广全国产业工会工匠学院先进经验，在全国范围内推进实体工匠学院建设。不断丰富"技能强国——全国产业工人学习社区"等各类线上平台培训内容，打造线上线下融合的高技能人才培养平台。

三、强化价值激励，营造尊崇工匠精神的社会文化

当前，社会上存在着急功近利、急于成名、一夜暴富的浮躁情绪和暴发户心态，影响了工匠精神的产生、培育和弘扬。"十年树木、百年树人。"工匠精神是一种深层次的文化形态，需要在

长期的价值激励中逐渐形成，慢工出细活。要强化思想引领，树立终身学习的理念，养成善于学习、勤于思考的习惯，实现学以养德、学以增智、学以致用，积极发展先进企业文化和职工文化。举办好"大国工匠年度人物""最美职工""中国梦·大国工匠篇"等大型主题宣传活动，大力评选表彰杰出技能人才，树立工匠精神先进示范材料，弘扬劳动价值，使技能人才享有应有的社会认同和尊重。给予相应的社会地位，使工匠精神成为引领社会风尚的风向标。鼓励技能人才把职业作为事业，认识到没有信念支撑的技术能手只是单纯的"匠人"，要把谋生与实现自身价值融为一体，将追求技能的完善、产品品质提升作为自己的职业理想，无怨无悔、融入血液，内化于心、外化于行。要加强学校教育，把养成工匠精神作为学校教学的重要内容，针对不同年龄段的学生分类开展工匠精神教育，教育学生从小树立正确的就业观和劳动观，养成热爱劳动、崇尚劳动的品质，培养爱岗敬业、精益求精的追求，形成勇于创新、甘于奉献的作风，通过劳动和创造磨炼意志、提高能力、赢得未来。要加大宣传力度，充分运用各类媒体，从大国工匠的推荐、评选、认定、激励等各个环节宣传工匠精神，在全社会营造尊重劳动、崇尚技能、鼓励创造的良好氛围。

第五章

劳模精神、劳动精神、工匠精神与工会工作

劳模精神、劳动精神、工匠精神是广大工人阶级和劳动群众在长期的中国革命和建设实践中汇聚而成的。大力弘扬劳模精神、劳动精神、工匠精神，做好劳模、工匠培养选树工作，工会组织责无旁贷。各级工会组织和广大工会干部一定要认真学习习近平总书记关于劳模精神、劳动精神、工匠精神的重要论述，大力弘扬和践行劳模精神、劳动精神、工匠精神，为奋斗新征程凝聚磅礴的劳动伟力。

第一节　让劳模精神、劳动精神、工匠精神蔚然成风

习近平总书记在2020年全国劳动模范和先进工作者表彰大会上指出，"立足新发展阶段，贯彻新发展理念，构建新发展格局，推动高质量发展，在危机中育先机、于变局中开新局，必须紧紧依靠工人阶级和广大劳动群众，开启新征程，扬帆再出发"。工会是党联系职工群众的桥梁和纽带，大力弘扬劳模精神、劳动精神、工匠精神，团结动员广大职工群众当好主人翁、建功新时代是各级工会组织的重大历史责任。各级工会组织和工会干部要加大对劳动模范和先进工作者的宣传力度，讲好劳模故事、讲好劳动故事、讲好工匠故事，营造劳动光荣的社会风尚和精益求精的

敬业风气。

一、构筑弘扬劳模精神实践培育体系

对于劳模群体本身，要在劳模榜样提升功能上下功夫。劳模群体要"把取得的荣誉作为新的起点，努力在新的征途上再创新业、再立新功"[1]。劳动模范要持续提升自身能力和素质，感染带动广大职工立足本职岗位做贡献，成为新时代劳模精神的创造者、传播者与示范者。要重视发挥劳模在职工思想政治引领中的作用，要通过组建劳模宣讲团，经常性举办劳模报告会、劳模座谈交流会、劳模风采展览等活动，综合运用传统媒体和新兴媒体，讲好先进典型的小故事，唱响劳动光荣、工人伟大的时代主旋律。持续开展有特色接地气的宣讲活动，把"殿堂式"宣讲转变为"轻骑兵"传播，把"大学习"课堂搬到工厂车间、学校和生产一线，让劳模精神进企业、入班组、到岗位，真正做到广大职工群众全覆盖，使劳模精神成为企业新时代的主旋律。

对广大的工人阶级、劳动群众、知识分子等群体而言，要鼓励他们在学习劳模精神的过程中立足时代需求，回应时代呼唤，争做新时代的劳动者与奋斗者。每一个劳动者都"要立足本职岗位诚实劳动。无论从事什么劳动，都要干一行、爱一行、钻一行"[2]。每一个劳动者要自觉地向书本学习，向实践学习，向优秀者学习，不断

---

[1]《习近平在乌鲁木齐接见劳动模范和先进工作者、先进人物代表，向全国广大劳动者致以"五一"节问候》，《人民日报》，2014年5月1日。

[2] 习近平：《在知识分子、劳动模范、青年代表座谈会上的讲话》，《人民日报》，2016年4月30日。

提高自身的综合素质，提高劳动技艺与增强劳动的创新意识。

对于青年学生而言，劳模精神要从校园抓起。广大青年要勤奋学习、修德明辨、践行笃实，身体力行地践行劳模精神，树立更高的人生观、价值观和世界观。广大教师应把劳模精神教育渗透到学校的教育教学之中，用专业的知识、典型的模范事例点燃学生对劳模的向往和追求，使劳模精神早早地在祖国下一代建设者心中生根发芽、开花结果。学校要运用多种教育手段，生动展示劳模精神的内涵，不断深化社会主义思想道德建设，鼓励和引导青年继承和弘扬广大劳模展现的优秀品质，坚守社会公德、职业道德，激发青年建设美好祖国的使命感和责任感。高校可以增设社会主义核心价值观及劳模精神相关必修课程、选修课程，逐步使之成为培育劳模精神的主渠道。

二、加强新时代劳动观教育

实现中国梦，最终要靠全体人民辛勤劳动，天上不会掉馅饼。今天，要实现第二个百年奋斗目标，开创美好的未来，必须紧紧依靠人民、始终为了人民，必须依靠辛勤劳动、诚实劳动、创造性劳动。任何时候任何人都不能看不起普通劳动者，都不能贪图不劳而获的生活。在法律的天平上，劳动者的身份是平等的，不存在身份上的差别，社会分工有不同，但每一位劳动者都值得尊重。只有确立这样的劳动价值标准，才能实现公平对待不同形式的劳动，才能实现对待包括农民工在内的普通劳动者和从事复杂劳动的劳动者的一视同仁。要为每一位劳动者营造平等、有尊严感的外部环境，让尊重劳动者成为社会习惯，让维护劳动者的尊严成为每个人的自觉行动。

在全面加强新时代劳动教育中，要充分发挥工会组织的作用，不断彰显工会组织的宣传引导优势、资源阵地优势、理论研究优势、体系机构优势，围绕推动强化劳动育人功能，搭建体现工会特色的劳动实践平台，推动构建体现时代特征的劳动教育体系。要将劳动教育融入工会院校教育培训全过程，组建劳模宣讲团，深化劳模和大国工匠进校园活动，加大对劳模和工匠人才等先进群体的宣传力度，探索加强新时代职工文化建设的办法举措，发挥文艺团体作用，加强劳动主题作品创作，积极开展公益演出进校园活动。鼓励、引导和支持作家、艺术家创作更多反映当代劳动者精神风貌的优秀作品。要引导广大职工充分认识劳动的价值和意义，认同劳动、热爱劳动、尊重劳动者，通过辛勤劳动、诚实劳动、创造性劳动开创美好生活。要在全社会大力弘扬劳动光荣、知识崇高、人才宝贵，创造伟大的时代新风，推动全社会热爱劳动、投身劳动、爱岗敬业，为社会主义现代化建设贡献智慧和力量。

三、强化工匠精神的价值认同

2016年3月5日在全国两会上，李克强总理在《政府工作报告》中指出："质量之魂，存于匠心。要大力弘扬工匠精神，厚植工匠文化，恪尽职业操守，崇尚精益求精，培育众多中国工匠。"只有强化工匠精神的价值认同，厚植工匠精神的文化土壤，才能在全社会形成崇尚技能、精益求精的良好氛围。

企业要以工匠精神作为企业文化核心价值观的引领，在追求企业发展壮大的过程中，必须秉承"质量至上、精益求精"的核心价值观。从产品生产工艺流程到产品周转流程，每一个环节都要有质量标准，每一个过程都要有质量管理，标准体系的严密程度、完善程度和覆盖程度，本身就是工匠精神在管理过程中的体现。要重视工匠人才培养，改革评价制度，畅通技能人才成长通道。当前，学历文凭仍然是人才评价的主要标准，因此，要进一步解放思想，坚决破除不合时宜、束缚人才成长的体制机制障碍。当务之急是健全技能人才评价制度，加快职业资格证书制度改革进程，进一步突破年龄、学历、资历和身份限制，健全以职业能力为导向，以工作业绩为重点，注重职业道德和职业素质，管理科学、运行规范、基础扎实的评价标准和体系，完善社会化职业技能鉴定、企业技能人才评价和院校职业资格认证相结合的技能人才多元评价机制。鼓励深耕细作，着力营造人才成长的环境和机制。工匠精神需要重视，工匠精神更需要培育。企业要提高自身的竞争力，就应引导员工更好地专注于某一领域，培育员工的工匠精神。

第二节　切实做好劳模工作

劳模工作是党和国家事业的重要组成部分，也是工会工作的重要组成部分。做好劳模工作，有利于体现党和政府对劳模的关心、爱护，有利于在全社会倡导尊重劳模、学习劳模、关爱劳模、争当劳模的良好风尚,有利于用劳模的干劲、闯劲、钻劲激励广大职工群众争做新时代的奋斗者,营造劳动光荣的社会风尚和精益求精的敬业风气,也有利于工会组织发挥优势、体现作为、扩大影响。工会要进一步做好劳模选树培养和管理服务工作,完善劳模工作管理平台,推动完善劳模政策,提升劳模地位、落实劳模待遇,形成尊重劳动、尊重知识、尊重人才、尊重创造的良好氛围。

一、做好劳模工作的重大意义

(一)对实现中华民族伟大复兴中国梦有着深远的促进作用

在中国革命、建设和改革的历史进程中,广大劳模以当家作主的主人翁姿态、以极大的劳动热情投身其中,为中国革命、为社会主义建设和改革开放作出了重大贡献。当好主人翁、建功新时代,是广大职工群众需要承担的历史责任。在建设知识型、技能型、创新型劳动者大军,培养新时代中国特色社会主义新人的历史任务中,做好劳模工作,有利于发挥劳模的骨干带头作用和示范引领作用,影响并带动广大职工群众把思想和行动统一到党中央的决策部署上来,把智慧和力量凝聚到实现中华民族伟大复兴中国梦的伟大事业中来。做好劳模工作,有利于引导广大职工群众以劳模为榜样,"爱岗敬业、争创一流,艰苦奋斗、勇于创新,淡泊名利、甘于奉献",以高度的主人翁责任感和使命感,投身到实现全面建成社会主义现代化强国第二个百年奋斗目标的历史进程中。做好劳模工作，有利于大力弘扬劳模精神、劳动精神、工匠精神，用劳模的干劲、创劲、钻劲鼓舞更多的人，激励广大职工群众努力提高自身素质，争做新时代的奋斗者，激励广大职工群众加快产业工人队伍建设改革，保持和发展工人阶级的先进性，造就一支有理想守信念、懂技术会创新、敢担当讲奉献的宏大的产业工人队伍。

（二）对促进企业发展具有强大推动作用

职工是企业的主人。广大职工群众的积极性和创造性，是企业活力的源泉。劳动模范生活在职工群众中，成长于职工群众中。做好劳模工作，用劳动模范的先进思想和先进事迹去教育、激励职工群众，坚持不懈、及时有效地把劳动模范创造的先进生产技术和先进经验传播到广大职工群众中去，有利于把蕴藏在他们当中的积极性、主动性、创造性充分调动和发挥出来，形成推动企业发展的巨大力量。

（三）对于弘扬社会主义核心价值观具有积极促进作用

劳动模范为社会主义革命、建设、改革作出了突出贡献。他们的先进思想和崇高精神是对社会主义核心价值观的生动诠释与现实呈现，是引领广大职工群众推动社会进步的强大精神力量。一方面，劳模是遵循社会主义核心价值观的典范样本，是社会主义核心价值观的模范实践者、生动传播者和最有说服力的检验者；另一方面，劳模之所以能够生成劳模精神，能够成为全社会学习的典范，一个重要原因，就在于他们主动、自觉地遵循并践行了社会主义核心价值观。做好劳模工作，大力宣传劳模的崇高思想和高尚品质，营造尊重劳模、热爱劳模和学习劳模的良好氛围，有利于大力弘扬社会主义核心价值观，使劳模精神成为培育和践行社会主义核心价值观的重要抓手，让劳模精神在实现中华民族伟大复兴中国梦进程中绽放璀璨光芒。

二、劳模的评选和表彰工作

党和国家历来高度重视评选表彰劳动模范，1950年至2020年先后召开16次表彰大会，表彰全国劳动模范和先进工作者34008人次。评选劳模是劳模工作的首要环节，是保证劳模质量的关键。评选表彰劳模的过程，也是大力宣传工人阶级历史功勋、大力弘扬劳模精神的过程。因此，在评选推荐过程中，要以建立健全评选机制为基础，牢牢把握劳模评选工作的正确方向，坚持把政治坚定、品德高尚、勤奋敬业、勇于创新，在社会主义经济建设、政治建设、文化建设、社会建设以及生态文明建设和党的建设等方面作出突出贡献的先进模范评选出来。

（一）评选劳模的原则和条件

1. 评选原则

一是坚持公开、公平、公正的原则，广泛听取群众意见，充分发扬民主，以政治表现、工作实绩和贡献大小作为衡量标准，优中选优。二是面向基层、面向一线、面向普通劳动者，确保评选表彰主体是工作在生产一线的普通劳动者。三是突出时代性、先进性、代表性，面向经济社会发展的各条战线和社会的各个阶层。四是实行组织推荐。在全国劳模的推荐评选中，除单独组织推荐的中央和国家机关、人民法院、人民检察院、国务院国资委管理的中央企业在京直属单位、军队直属单位外，其他系统的人选原则上由其所在省、自治区、直辖市推荐。

为确保推荐评选工作面向基层、面向一线、面向普通劳动者，推荐评选工作一般要明确各类表彰对象的比例。例如，在全国劳模评选中，一线工人、农民、专业技术人员的比例不断上升。1989年规定，工人不少于30%，农民不少于20%。2015年规定，企业一线工人和专业技术人员不低于企业职工人选的57%，企业负责人不超过企业职工人选的20%，中小微企业负责人应有一定代表；农民工不低于农民人选的25%。

2.评选条件

各级劳动模范的评选都有明确的条件，这些条件根据不同历史时期的政治形势和经济社会发展有不同的要求。

1950年召开的劳模代表大会名称为"全国工农兵劳动模范代表会议"，劳动模范主要来自工业、农业和军队等方面。[1]如工业劳动模范代表的当选条件包括："生产节约中有特殊贡献者""生产技术的发明者与改进者及重大合理化建议者""护厂斗争有特殊功绩者""支援前线有特殊功绩者"等。1956年评选劳模

---

[1] 农业劳动模范代表的当选条件包括："带领组织群众实行生产互助或精耕细作勤劳增产，发家致富获有显著成绩者""创造与引用新的品种、新的农具、新的科学技术，为农民效法并卓有成绩者""模范的农民协会或合作社等群众组织中组织生产的优秀工作者"等。人民解放军劳动模范代表，由人民解放军总政治部指导参加生产的各部队推选。

时，在全国总工会发出的《关于召开全国先进生产者代表会议的通知》中，把"提前完成第一个五年计划规定指标的先进生产者""达到优等质量指标的先进生产者""在学习与推广先进经验或在掌握先进技术试制新产品方面有成就的先进生产者""在节约方面有优良成绩的先进生产者""优秀的合理化建议者和合理化建议工作的组织者"等作为重要评选标准。改革开放后，随着经济建设中心地位的确立，劳模评选标准也开始发生变化。1979年，首次对"先进"进行了理论概括，即"各条战线的劳动模范和先进集体，必须是先进生产力的优秀代表，能够体现社会发展的方向"。[1]同时明确劳动模范的标准为："判断一个职工是不是模范，一个集体是不是先进，归根到底要看其在推动生产力发展方面是不是起了显著的作用，对社会主义建设事业是不是作出了较大的贡献。这是我们选举劳动模范和先进集体的根本标准"。[2]在1989年全国劳模的评选条件中，强调要坚持四项基本原则、拥护改革开放总方针，在企业发展生产、深化改革，发展农业生产和农村经济，科研、教育、文化、卫生、体育等事业，发明创造、技术改造、增产节约、增收节支，提高经济效益和社会效益，环境保护和安全生产，保卫国家和人民利益，社会主义精神文明建设等方面作出重大贡献。改革开放后，历届全国劳模的评选条件均在此基础上不断加以完善，体现了时代发展的要求和更为广泛的代表性。

---

[1] 游正林：《我国职工劳模评选表彰制度初探》，《社会学研究》，1997年第6期。
[2] 全国供销合作总社编：《中国供销合作社史料选编》（第1辑）下，中国财政经济出版社1986年版，第13页。

在2020年全国劳动模范和先进工作者表彰大会表彰的2493名人选中，全国劳动模范1689名、全国先进工作者804名；企业职工和其他劳动者1192人，占47.8%；农民500人，占20.1%；机关事业单位人员801人，占32.1%。具有以下三个突出特点：一是具有很强的政治性和先进性。人选都经过各级党委和有关部门认定，基本上具有省部级表彰奖励的荣誉基础，并且近五年来特别是党的十九大以来创造了突出业绩，其中有200余人在脱贫攻坚领域作出了突出贡献，有358人享受国务院特殊津贴。二是具有广泛的代表性和群众性。受表彰人员中，中共党员2015名；民主党派和无党派人士158名；女性578人，占23.2%；少数民族226人，占9.1%。人选基本涵盖各个领域和行业，尤其是来自基层一线的比例较高，其中一线工人和企业技术人员847人，占企业职工和其他劳动者的71.1%，较原定比例高出14.1个百分点；农民工216人，占农民人选的43.2%，较原定比例高出18.2个百分点；科教等专业技术人员、科级及以下干部661人。三是选树了一批抗疫先进典型。推荐评审出300名奋战在抗击新冠疫情一线的先进个人，他们逆行出征、无私无畏，用自己的言行诠释了榜样的引领和带动作用。

总之，制定劳模评选条件时要把握以下几个方面：一是坚定的政治立场和信念，热爱祖国，拥护中国共产党的领导，认真执行党的路线方针政策。二是广泛的代表性，要兼顾各个行业、各个方面。三是突出的先进性，即必须在某行业或某方面取得突出成绩或作出重要贡献。四是鲜明的时代性，要与时俱进，体现出鲜明的时代特点。

（二）推荐评选程序

劳动模范要经过民主推荐评选，有关部门审核、政府审批后授予"劳动模范"的荣誉称号。严格、规范的推荐评选程序，是保证评选质量的重要环节。随着经济社会的发展，劳模的推荐评选程序也逐步得到规范和完善。全国劳模的推荐评选要坚持以下几个程序。

1. 民主推荐程序

推荐的人选必须经所在单位民主评议产生，并由职工大会或职工代表大会讨论通过。农村地区的推荐人选要经村民会议、城市社区的推荐人选要经居民会议讨论通过，即必须通过一定的民主程序，自下而上产生，得到群众公认。

2. "两审三公示"程序

为了增强推荐评选工作的透明度，自2000年起，全国劳模评选实行公示制度。2005年后，全国劳模的评选执行"两审三公示"程序，即在推荐人选产生过程中，先在本单位进行公示，经过全国劳模表彰大会筹委会办公室对各地区、各系统推荐人选基本情况和各类人员比例预审后，在其所在地区、系统进行公示；公示无异议的，上报正式推荐审批材料，由筹委会办公室进行审核，审核后在全国范围内进行公示。这一制度较好地保证了人民群众的知情权、参与权和监督权，体现了公开、公平、公正原则。

3. 特别审查程序

为保证评选质量，对被推荐的机关、事业单位工作人员和企业负责人，要经过必要的审查程序。被推荐人选是机关、事业单位工作人员的，还必须由纪检等部门签署意见，并按照干部管理权限，征得有关部门同意。被推荐人选是企业负责人的,必须由当地县级以上工商、税务、人力资源和社会保障、安全生产、环保、卫生计生等部门签署意见;是国有企业负责人的,则必须由审计、纪检等部门签署意见;是私营企业负责人的,必须征求当地统战部门和工商联的意见。凡违反国家政策、法律法规,违反企业用工规定,劳动关系不和谐,发生安全生产事故和严重职业危害,无故拖欠职工工资,未按规定缴纳社会保险费的企业,企业负责人不能参加评选。

（三）劳模的表彰奖励

中共中央、国务院历来高度重视劳模的表彰奖励工作。党的十八大以来,习近平总书记多次对党和国家功勋荣誉表彰工作作出重要指示,强调要充分发挥党和国家功勋荣誉表彰的精神引领、典型示范作用,推动全社会形成见贤思齐、崇尚英雄、争做先锋的良好氛围。

全国劳模由中共中央、国务院表彰,为国家级表彰奖励。省级劳模由各省、自治区、直辖市党委和政府表彰。部级劳模一般由中央和国家机关各部委（门）表彰。全国五一劳动奖和全国工人先锋号,是中华全国总工会设立的、授予先进集体和先进职工的最高荣誉称号。

中华人民共和国成立以来,表彰全国劳模时授予的荣誉称号,除"全国劳动模范"和"全国先进工作者"外,还有1956年全国先进生产者代表会议,1959年全国工业、交通运输、基本建设、财贸方面社会主义建设先进集体和先进生产者代表大会（全国群英会）,1977年全国工业学大庆会议,1978年全国财贸学大庆学大寨会议等授予的"全国先进生产者"称号,以及1978年全国科学大会授予的"全国先进科技工作者"称号。从1989年起，表彰全国劳模只设立"全国劳动模范"和"全国先进工作者"两个荣誉称号。全国劳模由中共中央、国务院发布表彰决定，颁发奖章和证书，并给予一定数额的奖金。

三、劳模的管理和服务工作

做好劳模的管理和服务工作，对于更好地发挥劳模作用，激励广大职工学赶先进的热情和积极性，营造尊重劳模、关心劳模、学习劳模、争当劳模的良好社会氛围，具有重要意义。

（一）劳模管理

劳模管理工作按照分级负责、分级管理的原则，由各级工会实施。各级工会设专门机构或指定专人，具体负责劳模管理工作。劳模管理工作制度主要指制定劳模管理办法，使劳模评选表彰、奖励待遇、荣誉称号撤销等有章可循。

1. 分级负责的管理原则

《劳动模范工作暂行条例》规定：劳动模范的管理工作要坚持分级管理原则，基层和基层以上单位以基层管理为主，地方和产业以地方管理为主。基层工会要掌握本单位劳模和先进生产（工作）者的基本情况，经常调查了解，定期分析研究。要定期向本地区、本单位党委和上级工会汇报有关工作情况，提出培养、教育、使用以及改进工作的建议。对劳模的重大变化情况（提干、调动、退休、处分、死亡等），要及时报告有关上级工会。

2.劳模工作制度

根据《劳动模范工作暂行条例》,劳模工作制度的主要内容如下:

定期检查制度。基层单位每半年结合评比进行一次全面检查,各省、自治区、直辖市每年检查一次,总结经验,找出问题,提出改进意见,分别报告本单位、本地区党委和上一级工会组织。

建立劳模档案制度。该档案应包括登记表、先进事迹、重大情况变更(如提干、退休、死亡、取消荣誉称号)等。

中华人民共和国劳动英雄,全国劳动模范,各省、自治区、直辖市产业系统、省辖市的劳动模范以及先进生产(工作)者调离本单位时,应将劳模的有关材料移交新单位。

专人负责制度。各级工会都要设专人或指定人员兼管劳动模范的工作。

3.劳模联系制度

疏通与劳模联系的渠道,定期召开劳模座谈会,建立定期走访、慰问制度,并认真做好劳模来信来访接待工作,密切与劳模的联系,尊重和听取他们的意见、建议,及时缓解他们的思想、心理压力。对劳模来信来访予以高度重视、认真对待,设专人负责,做到热情接待、每信必复。对遇到特殊困难的劳模,积极协调有关方面帮助解决。

4.劳模宣传工作

及时总结劳模的先进思想和先进经验,通过组织劳模先进事迹报告会、经验交流会等活动,并利用媒体和宣传栏等多种形式,广泛宣传劳模的崇高思想和先进事迹，大力弘扬劳模精神，充分发挥劳模的示范和导向作用，营造尊重劳模、关心劳模、学习劳模、争当劳模的良好社会氛围，使劳动最光荣、劳动最崇高、劳动最伟大、劳动最美丽成为社会的共识和时代的新风。

（二）劳模服务

做好劳模的服务工作，就是要关心劳模，帮助他们解决在工作和生活中遇到的困难，解除劳模的后顾之忧，为劳模发挥作用创造条件。长期以来，党和政府不仅高度评价劳动模范在社会主义建设、改革中作出的突出业绩与贡献，给予劳模很高的政治荣誉，而且历来十分关心劳模的工作、学习和生活，逐步建立了劳模教育培养、劳模定期健康体检、劳模疗休养等制度。

1.劳模教育培养

劳模教育培养主要指对劳动模范继续进行教育培养。通过对劳动模范进行思想政治、科学文化知识教育和技术技能培训等，不断提高劳模的思想政治觉悟、科学文化素质和技术技能水平。积极选送有条件的劳模学习深造，不断提高劳模素质。加强劳模队伍建设，更好地发挥劳模的先锋模范作用。

2.劳模定期健康体检

1983年，中华全国总工会、中共中央组织部、劳动人事部、卫生部发布了《关于保护劳动模范身体健康的几项规定》（工发总字〔1983〕43号），对保护劳动模范身体健康作出安排。

按照属地原则，劳模体检工作由劳模所在省区市工会负责组织实施。各省区市工会与政府财政、卫生部门密切协作，共同制定具体措施。同时，各地工会要积极与当地卫生部门协商，为劳模提供便捷的医疗保健服务。

3.劳模疗休养

劳模疗休养是对劳模辛勤劳动、无私奉献的褒奖，体现了党和国家对劳动模范的关心、关怀，是一项重要的制度性工作。全国总工会组织劳模大规模集中疗休养始于2000年。当年6月14日《关于组织全国劳动模范和先进工作者进行疗养活动的通知》，以红头文件的形式下发到各地工会。该《通知》规定，疗养活动主要邀请在各条战线，特别是在生产、科研第一线作出突出贡献，并具有一定社会影响的全国劳动模范和先进工作者参加。同时规定，劳模往返路费由其所在单位负责，困难企业的劳模由省、市总工会负责。劳模疗养期间的食宿、体检、参观游览等费用，由全国总工会负责。

2017年，中华全国总工会办公厅印发《关于进一步加强和规范劳模休养工作的通知》（厅字〔2017〕19号）。《通知》要求：要认真学习贯彻习近平总书记系列重要讲话精神特别是关于工人阶级和工会工作的重要论述，大力弘扬劳模精神、劳动精神、工匠精神，把思想认识统一到中央的要求上来。要充分认识组织劳模休养活动的重要意义，把做好劳模休养工作作为一项重要的政治任务，用服务劳模、弘扬劳模精神的实际行动，认真组织、精心安排、热情服务，落实落细劳模休养的每项工作，使劳模切身感受到党和政府的关心、关爱。

2019年12月，中华全国总工会办公厅印发了《〈中华全国总工会关于进一步加强和规范劳模疗休养工作的意见〉的通知》（总工办发〔2019〕第21号），就疗休养对象、疗休养时间及地点、疗休养内容、疗休养经费、规范开展疗休养等作了具体规范。《通知》还要求通过开展疗休养工作为劳模提供疗养、休息的机会，有效传递党和国家的高度重视和关心爱护，切实增强劳模的荣誉感和自豪感，在全社会大力弘扬劳模精神、劳动精神、工匠精神。

4.切实解决劳模的生活困难

关心劳模生活，落实好各项劳模待遇政策，及时帮助劳模解决生产、生活中遇到的困难，是劳模工作的一项重要内容，也是工会义不容辞的职责。为切实解决部分劳模的生活困难、提高劳模待遇，国家和有关部门先后制定了关于提高劳模退休金、不得安排劳模下岗、给予劳模一次性奖励等文件，从资金和政策等方面解决部分劳模生活中遇到的困难。

2010年，人力资源和社会保障部、公安部、民政部、财政部、住房和城乡建设部、卫生部、中华全国总工会联合下发《关于进一步解决劳动模范社会保障和生活困难等问题的通知》，就进一步解决劳模生活困难问题作出了明确规定。2015年，国务院办公厅下发《关于做好省部级以上劳模困难帮扶工作的通知》，明确要求"中央财政要利用现有资金渠道，继续做好全国劳模帮扶工作"。这些政策措施有力地促进了劳模生活困难问题的解决。

四、坚持党对劳模工作的领导

坚持党对劳模工作的领导，就是通过劳模工作，密切党与职工群众的联系，巩固党的阶级基础和执政地位；必须坚持与创先争优劳动竞赛紧密结合，把培养选树劳模和发挥劳模作用贯穿于劳动竞赛的始终，充分调动广大职工群众的积极性和创造性；必须坚持以人为本，真心关爱劳模，热情服务劳模，为劳模发挥聪明才智、建功立业创造良好环境和条件；必须坚持与时俱进，在继承中发展，在实践中创新，努力使劳模工作适应新形势、新任务的要求。

劳模工作涉及面广，政治性和政策性强，社会关注度高。各级工会要把劳模工作列入重要议事日程，高度重视，切实加强领导；定期研究并主动向党委汇报劳模工作，及时反映和解决劳模在工作中遇到的困难与问题；密切与政府有关部门的联系，加强沟通协调，共同研究对策措施，提出政策建议，形成工作合力；加强对劳模工作的监督管理，充分运用党政机关赋予的资源和手段，尤其要管好用好劳模帮扶资金，做到认真执行发放规定、严格发放程序、加强监督审计；夯实劳模管理工作基础，建立劳模信息库，实现管理动态化、网络化，选配政治强、素质高、业务精、作风好的同志负责劳模工作，加强调查研究，认真总结经验，积极探索适应新形势、新任务要求的劳模工作新路子；加强劳模协会建设，充分发挥劳模协会的作用。工会干部要带头学习劳模，大力弘扬劳模精神，自觉做好劳模服务工作，不断把劳模工作提高到一个新水平。

第三节　组织开展劳动和技能竞赛

组织开展劳动和技能竞赛是工会工作的重要内容，是弘扬和践行劳模精神、劳动精神、工匠精神的重要途径。通过"以赛促学、以赛促改、以赛促建"，对于全面提升职工技能人才素质能力，建设一支知识型、技能型、创新型职工技能人才大军，激励广大职工群众为建成社会主义现代化强国而奋斗，意义深远。

一、劳动和技能竞赛的基本原则

1.坚持推动高质量发展

立足新发展阶段、贯彻新发展理念、构建新发展格局，充分激发广大职工群众的积极性、主动性、创造性，促进供给侧结构性改革、重大战略实施和产业基础高级化、产业链现代化，在推动高质量发展中充分发挥工人阶级主力军作用。

2.坚持以职工为中心

严格落实《中华人民共和国劳动法》《新时期产业工人队伍建设改革方案》要求，坚持职工自愿参与，坚持面向基层、面向一线、面向普通劳动者，把竞赛活动打造成为职工成长成才的平台，切实增强职工的获得感、幸福感。

3.坚持创新引领

瞄准技术变革和产业优化升级的方向，紧扣坚持创新核心原则引导职工参与科技创新，大幅提高创新成果转移转化成效；紧扣激发人才创新活力提升职工技能水平，建设知识型、技能型、创新型劳动大军。

4.坚持广泛深入持久推动进行

牢固树立系统观念，抓大促小、示范带动、整体推进，不断扩大覆盖面、提高参与度，落实到基层、深入到一线，长期坚持下去并形成长效机制。

二、劳动和技能竞赛的主要任务

不同的地区、不同的行业劳动和技能竞赛的任务有所不同，以下以北京市开展的劳动和技能竞赛为例。依据《推动首都高质量发展劳动和技能竞赛五年行动规划（2021—2025）》，劳动和技能竞赛的主要任务有八项。

1.开展"践行新理念、建功新时代"主题劳动竞赛

围绕完成国家"十四五"规划目标，发挥广大职工主力军作用，广泛开展"践行新理念、建功新时代"主题劳动竞赛。在工程建设领域广泛开展安全生产和质量建设劳动竞赛，在生活服务领域积极开展提升服务质量、打造服务品牌劳动竞赛，助力工程建设推进、服务质量升级。各级工会结合本区域、本产业特点，每年开展至少一个行业的劳动竞赛，促进产业转型升级、助力职工技能提升。

2.开展重点建设项目劳动竞赛

围绕国家重大战略、重大工程、重大项目、重点产业，开展以"六比一创"（比工程质量、比工程进度、比安全生产、比技术创新、比文明施工、比科学管理、创精品工程）为主要内容的重大项目竞赛活动；继续联合北京市交通委围绕京津冀交通一体化建设，开展"四比四创"（比工程质量、创精品工程，比安全生产、创文明工地，比技术创新、创一流效率，比科学管理、创和谐项目）为主要内容的重大工程竞赛活动。积极动员广大职工立足岗位创先争优，不断提高职工参与度，扩大竞赛覆盖面，促进工程项目优质、高效、安全、环保竣工和投入使用。

3. 开展"职工技协杯"职业技能竞赛

围绕首都重点产业和战略性新兴产业，结合生产经营和服务工作实际需要，每年举办不少于30个职业（工种）的技能竞赛，采取赛训结合模式，开展赛前、赛中、赛后培训，选拔培养职工优秀技能人才，引领带动更多职工提升技能水平；探索建立劳动技能竞赛长效管理机制，通过认定劳动和技能竞赛基地，进一步规范办赛流程，深化技能竞赛成果，带动更多的单位参与到竞赛活动中，畅通技能人才脱颖而出的快速通道。

4. 融合国家战略开展劳动和技能竞赛

围绕国家重大发展战略、重大基础设施建设、重大科技项目和重大活动广泛开展群众性岗位练兵、技术培训、技能比赛、技术革新、节能减排活动，拓展技能人才成长发展空间。服务"一带一路"建设，适时与沿线国家地区工会组织共同开展双边或多边的职工技能竞赛。坚持推动京津冀协同发展战略，继续开展京津冀职工职业技能竞赛。

5. 开展合理化建议、技术革新、技术协作、发明创造等活动

鼓励各企事业单位积极开展"五小"（小发明、小创造、小革新、小设计、小建议）活动，开发和推广节能减排新技术、新工艺、新材料、新设备，掌握节能减排技术，提高节能减排水平；鼓励职工立足岗位创新，加强职工知识产权保护，促进职工技术创新成果转化，为职工技术创新提供专业服务；加强职工创新工作室申报及评选工作，开展职工自主创新成果的征集和评选活动，每年评选优秀成果并进行奖励、展示和宣传，促进创新成果的交易和转化。

6. 开展工匠选树配套技能竞赛活动

围绕《中国制造2025》战略部署和首都城市战略定位，以增强企业核心竞争力和提高职工创新创造能力为导向，每两年选树一批敬业专注、品质至上、技艺超群、传承创新的"大国工匠"。围绕工匠选树，积极开展工匠选拔赛、工匠挑战赛等技能竞赛活动，推动技能竞赛向深层次发展。通过对工匠命名奖励、典型宣传，在全社会弘扬工匠精神，肯定工匠的价值创造，激发广大职工学好技能、提升技能、用好技能、释放创新创造活力，推动各行各业工匠辈出，推进企业增品种、提品质、创品牌。

7. 开展国内外交流、合作和竞赛活动

积极搭建技能人才国内外交流合作的平台，与同行业高水平国家和地区开展技能大赛和境外培训，开阔技能人才的视野，提升技能人才创新思维的能力和水平；聘请国外先进行业工种的专家来京为技能人才开展培训，讲授先进的工作理念、创新思维和操作方法，并对技能人才的实际操作进行现场指导。通过走出去、请进来的交流培训方式，使技能人才的技能水平迅速与发达国家和地区接轨。

8. 开展非公企业劳动和技能竞赛

坚持把创新驱动发展、促进转型升级作为非公企业开展竞赛的重要内容，从技术创新、节能减排、安全生产、优质服务等方面，寻找企业与职工共同利益的结合点，提高竞赛的针对性和实效性。坚持把提高职工队伍素质特别是技能水平作为非公企业开展竞赛的首要任务，积极组织开展技术比赛、岗位练兵、培训交流等活动，为职工成长进步搭建平台。坚持把促进企业发展、维护职工权益作为非公企业开展竞赛的重要遵循，通过开展劳动和技能竞赛，切实提高企业的经营发展水平，同时要让职工共享企业发展成果，决不能以开展竞赛活动为名，违反劳动法中关于劳动时间、劳动报酬、安全生产等方面的规定，决不能以损害职工合法权益为代价换取企业发展。

三、劳动和技能竞赛的保障措施

1. 健全工作机制

健全各级劳动和技能竞赛委员会工作机制，动员企业、职工积极参与劳动和技能竞赛工作计划制订、组织实施。北京市总工会成立劳动和技能竞赛工作领导小组，下设领导小组办公室，负责统筹协调和指导全市工会系统劳动和技能竞赛的具体实施。将开展劳动和技能竞赛列为工会与政府联席会议的重要议题，构建政府、工会、企业家协会群策群力做好劳动和技能竞赛工作的生态。

2. 拓展竞赛范围内容

扩大非公企业竞赛覆盖面，重点推进已建会规模以上非公企业劳动和技能竞赛，带动中小企业竞赛活动的普遍开展，探索非公企业开展竞赛活动的新途径、新模式。充分发挥产业工会的优势和作用，围绕产业发展规划和发展战略，组织动员广大职工积极开展形式多样、具有产业特色的竞赛活动，在促进产业转型升级、推动产业自主创新上发挥积极作用。

3. 完善奖惩激励机制

联合政府有关部门建立健全竞赛激励机制，推动企业制定相应的竞赛奖励制度，把职工的职业技术资格晋升、收入待遇与技能提升、创新业绩挂钩，提高技术工人待遇，推动劳动报酬提高和劳动生产率提高同步。

4.加大经费支持保障

将劳动和技能竞赛专项资金纳入每年年度预算，确保竞赛经费及时到位。各级工会组织也要保证竞赛经费充足，确保工会经费源于职工、真正惠及职工。各基层工会要积极协调单位行政依照有关规定足额提取和使用职工教育经费，开展职工技能素质提升培训。

5.加强质量监督检查

将单位开展劳动和技能竞赛情况纳入对各基层工会考核内容，采取日常督导、专项督导和年度考核等方式进行督导评价。建立健全劳动和技能竞赛绩效评估机制，邀请第三方对竞赛开展情况进行绩效评价，把职工满意不满意、党政支持不支持、社会认可不认可作为竞赛评估的重要内容，加强廉政风险防控，保障资金安全和效益显著。

6.做好社会宣传发动

各级工会要鼓励引导本区域、本产业的企业、职工积极参与到劳动和技能竞赛活动中，及时总结典型经验，宣传模范人物尤其是非公企业竞赛典型，大力推广成功做法，扩大竞赛影响力，在全社会营造精益求精的劳模精神和工匠精神。

第四节　积极推进产业工人队伍建设改革

广大产业工人是工人阶级中发挥支撑作用的主体力量，是创造社会财富的中坚力量，是创新驱动发展的骨干力量，是实施制造强国战略的有生力量。产业工人队伍建设改革是习近平总书记亲自谋划和部署的重大改革，是全面深化改革的重要内容，必须切实抓紧抓好，更好团结动员广大产业工人担当新使命、建功新时代。

一、产业工人队伍建设改革面临的形势和任务

2021年是我国实施"十四五"规划、开启全面建设社会主义现代化国家新征程的第一年。立足新发展阶段，进一步谋划推动产业工人队伍建设改革，对于推动高质量发展，完成"十四五"规划目标任务意义重大。

（一）产业工人队伍建设改革面临的新要求

2018年10月29日，习近平总书记在同全国总工会新一届领导班子成员集体谈话时指出，要加强产业工人队伍建设，加快建设一支宏大的知识型、技能型、创新型产业工人大军。2020年11月24日，习近平总书记在全国劳动模范和先进工作者表彰大会上强调，要推进产业工人队伍建设改革，落实产业工人思想引领、建功立业、素质提升、地位提高、队伍壮大等改革措施，造就一支有理想守信念、懂技术会创新、敢担当讲奉献的宏大产业工人队伍。2020年12月10日，习近平总书记致信祝贺首届全国职业技能大赛的举办，而后又对职业教育工作作出重要指示。这些重要讲话和重要指示，深刻回答了推进产业工人队伍建设改革的一系列重大理论和实践问题，进一步明确了重大意义、重点任务、工作要求等，为推进产业工人队伍建设改革提供了根本遵循和行动

指南。各级工会干部要认真学习领会，进一步增强"四个意识"、坚定"四个自信"、做到"两个维护"，不断提高推进产业工人队伍建设改革的思想自觉、政治自觉、行动自觉。

（二）产业工人队伍建设改革面临的新任务

高质量发展是"十四五"乃至更长时期我国经济社会发展的主题，关系我国社会主义现代化建设全局。实现高质量发展，必须有一支高素质的产业工人队伍作支撑。与推动高质量发展的要求相比，目前产业工人队伍还存在技能素质总体不高、技术工人总量不足等问题。必须加快推进产业工人队伍建设改革，努力打造一支宏大的高素质产业工人队伍，为高质量发展提供强大人力支撑。

（三）产业工人队伍建设改革面临的新挑战

当前，世界正经历百年未有之大变局，新一轮科技革命和产业变革蓬勃兴起，全球治理体系深刻变革，新冠疫情全球大流行加速大变局的演变。我们要从战略和全局高度，进一步强化底线思维，做到守土有责、守土负责、守土尽责，不断深化产业工人队伍建设改革，为党长期执政、国家长治久安筑牢坚实的阶级基础、群众基础。

（四）产业工人队伍建设改革面临的新课题

随着我国社会主要矛盾的变化，广大职工群众对美好生活的向往总体上从"有没有"向"好不好"转变。特别是近年来随着新技术新业态新模式快速发展，出现了数以千万计的快递员、网约工、货车司机等新业态从业人员，他们的权益实现面临许多新情况新问题。这些都要求我们继续深化产业工人队伍建设改革，围绕产业工人多样化需求做好维权服务工作，不断提升广大产业工人的获得感、幸福感、安全感。

二、推动产业工人队伍建设改革向纵深发展

面对新形势新任务，我们要进一步加大力度，推动产业工人队伍建设改革向纵深发展。

（一）强化对产业工人的思想引领

思想引领是一个持续、长期的过程，不可能一蹴而就。要围绕爱党爱国爱社会主义主题，广泛开展"永远跟党走""党旗在基层一线高高飘扬"等群众性主题宣传教育活动，开展以劳动创造幸福为主题的宣传教育，加强新时代劳动教育。以开展党史学习教育为契机，以中国共产党取得的辉煌成就为教材，引导产业工人加强党史、新中国史、改革开放史、社会主义发展史学习，深刻领悟中国共产党为什么能、马克思主义为什么行、中国特色社会主义为什么好，自觉做中国特色社会主义的坚定信仰者、忠实实践者，增强听党话、跟党走的思想自觉和行动自觉。加强分析研判，深入了解当前形势下不同行业、不同产业的产业工人思想状况，结合产业工人的特点和心理，创新思想引领方式，把解决思想问题同解决产业工人"急难愁盼"的实际问题结合起来，把

思想引领同正在开展的"我为群众办实事"实践活动结合起来。维护产业工人队伍稳定，及时加强情绪疏导，强化人文关怀，让产业工人队伍成为维护工人阶级队伍团结统一和社会大局和谐稳定的可信赖的坚实力量。

（二）创新产业工人建功立业活动

要适应新时代新要求，不断创新建功立业活动，真正做到广泛、深入、持久。围绕国家重大战略、重大工程、重大项目、重点产业开展各种形式的劳动和技能竞赛，并将竞赛向中小微企业、非公企业延伸，向车间班组扩展，向新技术新业态新模式领域拓展，不断扩大竞赛覆盖领域和覆盖面。改进劳动和技能竞赛组织、运行体制机制，推动竞赛同劳模评选、职称评定、技术等级认定、工资收入等相融合，进一步健全以企业为基础，以国家、省、市、县和行业竞赛为主体，国内竞赛与国际竞赛相衔接的劳动和技能竞赛体系。以强化产业工人创新能力为着力点，组织产业工人踊跃参加岗位练兵、技术交流、技能培训、技术革新、技术协作、合理化建议等活动，拓展小发明、小创造、小革新、小设计、小建议等群众性创新活动，开展优秀技术创新成果交流活动，有序扩大跨区域、跨行业、跨企业的劳模创新工作室联盟，为优秀产业工人更好发挥作用搭建平台、提供舞台。

（三）提升产业工人的能力素质

无论是实施制造强国战略、推动产业转型升级，还是应对国际产业链供应链调整重组、维护我国产业链供应链安全稳定，提高产业工人队伍素质都是基础和关键。要强化政策集成,统筹发挥好各类职业教育和培训的优势,推动产教融合、校企合作,实现产业、职业、专业与就业创业联动发展,培养更多有技能、有发展、有地位的高技能产业工人。实施职业技能提升行动,落实终身职业技能培训制度,管好用好职工教育经费,建立培养补偿机制,提升各类主体特别是企业开展岗位技能培训的积极性、主动性、创造性。落实技术工人培养、使用、评价、考核机制,健全提升技能人才待遇激励机制,完善以创新能力、质量、实效、贡献为导向的人才评价体系,畅通人才发展通道,鼓励更多产业工人走技能成才、技能报国之路。

(四)解决产业工人的利益诉求

2021年新修订的《工会法》第八条明确规定,"工会推动产业工人队伍建设改革,提高产业工人队伍整体素质,发挥产业工人骨干作用,维护产业工人合法权益,保障产业工人主人翁地位,造就一支有理想守信念、懂技术会创新、敢担当讲奉献的宏大产业工人队伍"。各级工会要认真贯彻落实《工会法》,切实维护产业工人的合法权益,解决产业工人的利益诉求。创新产业工人发展制度、完善产业工人劳动经济权益保障机制等,都是维护产业工人切身利益的体现。只有把这些问题重视起来、真正解决好,才能有效激发产业工人队伍建设改革的内生动力。要打破企业人事管理和工人劳动管理相分离的双轨管理体制,在健全技术工人技能和创新成果按要素参与分配制度,建立高技能人才津贴制度等方面,进一步加大探索力度。相关职能部门要加强工作指导，创造更多有利条件，推动大中型企业特别是国有大中型企业发挥示范带头作用、做好表率。健全以职工代表大会为基本形式的企事业单位民主管理制度，推动厂务公开、扩面建制、深化发展、提质增效。加大对产业工人地位作用的宣传力度，进一步彰显产业工人的政治地位和社会地位。健全党政主导的维权服务机制，落实就业优先政策，保障职工取得劳动报酬的权利、休息休假的权利、获得劳动安全卫生保护的权利、享受社会保险和接受职业技能培训的权利等，让职工群众的获得感成色更足、幸福感更可持续、安全感更有保障。切实履行好工会维权服务基本职责，深化工会就业创业服务，推动产业工人解困脱困工作与提升职工生活品质相衔接。加大"劳动者港湾"、爱心驿站等工会户外劳动者服务站点建设推广力度，做实工会"互联网"普惠性服务，帮助产业工人解决最关心最直接最现实的利益问题，让广大产业工人共享改革发展成果。

第六章

北京市弘扬劳模精神、劳动精神、工匠精神的探索与实践

第六章 北京市弘扬劳模精神、劳动精神、工匠精神的探索与实践

党的十八大以来，中共北京市委、市政府认真学习贯彻习近平总书记关于工人阶级和工会工作的重要论述，坚持把弘扬劳模精神、劳动精神、工匠精神纳入市委、市政府的重要议事日程，纳入践行社会主义核心价值观体系，制定出台一系列政策措施。北京市总工会认真贯彻落实中华全国总工会和北京市委、市政府重要部署的要求，紧贴首都实际，大力弘扬劳模精神、劳动精神、工匠精神，团结带领广大首都职工，积极投身到首都经济社会发展之中，以昂扬的精神状态建功立业新时代。

第一节 唱响劳动光荣主旋律

近年来，北京市委、市政府大力弘扬劳模精神、劳动精神、工匠精神，强化党委政治引导，用劳模工匠的先进事迹激发广大首都职工的劳动热情，挖掘创造潜能，唱响"中国梦·劳动美"主旋律，充分发挥工人阶级和劳动群众主力军作用，汇聚起率先基本实现社会主义现代化的创造伟力。

劳模精神、劳动精神、工匠精神

一、加强思想政治引领

坚持以习近平新时代中国特色社会主义思想为指导，深入学习贯彻习近平总书记关于工人阶级和工会工作重要论述，围绕保持和增强政治性、先进性、群众性这条主线，大力推进工会改革和产业工人队伍建设改革，制定印发《北京市贯彻〈关于加强和改进新时代产业工人队伍思想政治工作的意见〉的措施》，开展职工队伍思想状况专项调研，增强工会思想政治工作的系统性、针对性、有效性。聚焦中华人民共和国成立70周年，以"劳动光荣"为主题，开展形式多样的宣传教育和文化服务，大力弘扬爱国主义精神和劳模精神、劳动精神、工匠精神。工会思想政治工作以点带面、多点开花，凝聚职工、亮眼暖心，北京电视台、《北京日报》等（媒体）进行了广泛深入的宣传报道，社会影响力和时代感召力进一步提升。

以"中国梦·劳动美"为主题，北京市各级工会深入开展"劳动光荣——劳动创造生活、劳动创造幸福、劳动创造未来"宣传教育活动，搭建"把微笑祝福带回家、为最美劳动者点赞""北京大工匠故事讲堂""幸福绽放"等系列平台，生动宣讲劳模工匠立足岗位、干事创业的光荣事迹，辐射职工群众1100万人次。大力弘扬劳模精神、劳动精神、工匠精神，建成劳模墙、劳模广场和劳动广场，出版《劳模大辞典》，推荐评选市级以上劳动模范和先进工作者1247名、劳动奖状295个、劳动奖章1390名、工人先锋号641个。注重以思想引领带动职工文化建设，举办首都职工文化艺术节，开展五一假日系列文化活动，推出太庙国学讲坛45

期，组织职工演讲、摄影、书画等文化活动3200余场，建设职工书屋2315个，积极引导职工践行社会主义核心价值观。

二、讲好劳模故事、工匠故事、职工故事

为庆祝中华人民共和国成立70周年，开展"我与祖国共成长"主题宣传教育活动，以劳模、工匠、一线职工、工会干部为主体，在全市范围内广泛开展"我和我的祖国"MV拍摄活动，覆盖全市各行业职工超过10万人次。以劳模合唱团、北京职工合唱团为主体，与北京电视台合作，在天安门广场组织拍摄快闪活动，节目在中央电视台、北京电视台滚动播出。策划推出"首都万名劳动者同心接力绣国旗"活动，组织3万多名劳动者手工绣制的巨幅国旗，被首都博物馆永久收藏。首都建筑行业农民工才艺展示活动得到了中央电视台、人民网、新华网、《北京日报》、北京电视台等媒体大力支持，进一步提升了工会宣教工作的社会影响力。

为迎接建党100周年，举办北京市第十三届职工文化艺术节，开展"颂歌献给党"活动，唱出新时代劳动者风采，展示出首都职工一心向党的情怀；在北京市劳动人民文化宫，举办首都职工庆祝建党100周年综合展，教育广大职工凝心聚力跟党走；深入开展"寻足迹、听党话、跟党走"主题党日活动，引导广大职工大力弘扬劳模精神、劳动精神、工匠精神，传承红色基因，汲取奋进力量；扎实开展"我为群众办实事"活动，积极构建和谐劳动关系，维护职工合法权益。

为在全社会营造劳动光荣的浓厚氛围，通过人民网、新华网客户端、BTV《北京新闻》、广播电台、《北京日报》等媒体对2019年全国五一劳动奖章、首都劳动奖章获得者进行连续宣传报道。发挥户外媒体资源优势，在户外广告媒体集中刊发"劳动光荣"公益宣传画面。做好新春音乐会、五一假日文化活动等项目，策划推出劳模工匠写生创作展、《翔云8号院》工匠精神主题话剧。配合全国总工会、中央广播电视总台，做好"中国梦·劳动美"——2019年庆祝"五一""心连心"特别节目相关筹备组织工作。与全国总工会、中国书法家协会等单位共同开展为北京大兴国际机场建设工地职工"送万福、进万家"书法志愿服务暨"送温暖"活动。深入开展"劳动光荣"主题宣传。在"五一"重要宣传节点，与北京电视台合作制作播出"劳动光荣"主题宣传片，将中华人民共和国成立70周年来为国家作出重要贡献的劳模、工匠以历史卷轴方式一一呈现，在北京电视台、北京时间等多家媒体深度推广。

三、建设弘扬劳模精神、劳动精神、工匠精神的新阵地

认真贯彻落实全国劳模大会、北京市劳模大会精神，以"北京劳动者之歌"、劳模工匠"四进（进校园、进社区、进企业、进班级）"活动为载体，依托网站报刊等线上线下阵地，用职工欢迎、形式多样的方式宣传好"三种精神"。与北京城市学院合作，成立集"文化传承、精神培育、技能实践、寓教于乐"于一体的北京劳模精神与工匠文化发展中心，推动各级工会加强与高校院所、社会机构合作，建设更多弘扬劳模精神、劳动精神、工匠精神的新阵地。

第二节　搭建技能人才成长大舞台

近年来，北京市贯彻落实产业工人队伍建设改革要求，坚持需求导向、问题导向、成效导向，以职工和企业需求为工作出发点与落脚点，搭建高技能人才成长平台，努力建设高素质劳动者大军，充分发挥主力军作用，推动首都高质量发展。

一、开展工匠人物培育选树活动

按照"北京需要千千万万大工匠"要求，围绕首都高精尖产业、现代服务业、文化创意产业发展，持续开展首都工匠人才培育工作。

市级"北京大工匠"原则上每两年一届，首届"北京大工匠"选树自2016年10月启动，历时1年半，经过申报推荐、资格审核、专家初评、工匠比武、"挑战大工匠"系列赛、综合评审等环节，共选树10个职业（工种）大工匠。为选树出体现首都特点、技艺高超、职工认可、群众崇尚的工匠人物，经过反复研究论证，"北京大工匠"最终采用"评""比"结合的选树方式（全国唯一采用"比"的形式的省市），选树过程中设置了工匠比武、"挑战大工匠"系列赛、综合评审等环节，在传统"评"的基础上加入技能实操比武，重点考核职工在生产一线解决实际问题的能力和展现选手的绝技绝活。其中工匠比武环节通过技能比赛确定种子选手；随后面向社会公众公开征集挑战者，发起系列"挑战大工匠"技能比赛，确定工匠候选人；最终由专家和社会公众评审选出"北京大工匠"。这一系列"评""比"结合的选树方式为"北京大工匠"树立良好社会口碑奠定了坚实基础。加大奖励标准，对评选出的"北京大工匠"和提名人物，北京市总工会分别奖励3万元/人和1万元/人，鼓励其所在单位设立"工匠创新工作室"，并连续3年、每年分别给予10万元和5万元创新助推资金，支持"工匠创新工作室"开展名师带徒、技术创新、难题攻关等工作。开展"工匠精神进机关、进校园、进社区、进企业、进班组"活动，宣传工匠人物的高超技艺和崇高境界，进一步扩大了"北京大工匠"的社会影响力。

2018年9月启动第二届"北京大工匠"选树工作，选树规模达30个职业（工种）。选树启动之初，北京市总工会探索市、区（集团、总公司）两级工匠人才培养、选树联动工作机制，要求基层工会广泛开展基层工匠选树活动。通过选取覆盖职工广泛、具有一定影响力的职业（工种），采取多种形式，开展适合本地区、本系统的工匠选树活动。同时将基层工匠纳入"北京大工匠"候选人才库，推动了各行各业各级工匠辈出，为各行各业职工树立了标杆。

二、打造职工创新工作室品牌项目

开展职工创新工作室创建工作，以劳模、工匠和高技能人才为领军人，带领一批具有技术特长的职工团队创建职工创新工作室，围绕首都重点发展战略项目和企业生产一线技术难题开展创新攻关、技术革新，为职工搭建起促进企业技术进步、推动首都经济发展的创新平台。截至2021年，全市共有市级以上职工创新工作室683家，包含市级示范性创新工作室257家，市级职工创新工作室426家。这当中有11家被全国总工会评定为全国示范性劳模创新工作室。职工创新工作室已成为职工开展创新活动的发动机和孵化器。北京市总工会建立跨区域、跨行业、跨企业的职工创新工作室联盟，打造竖有线（上下游间）、横有链（行业间）、整体有区块（区域间）的职工创新工作室联盟，贯通创新链、产业链和服务链，打造成"立得住、叫得响、推得开"的职工创新服务品牌。

三、开展市级示范性技能和劳动竞赛

（一）持续开展北京市职工职业技能竞赛（北京市总工会主办）

自2010年开始，每年由北京市总工会主办市职工职业技能竞赛（2012年未开展）。此类竞赛属于市级二类职业技能竞赛，主要围绕首都重点发展产业和战略性新兴产业，在全市范围内征集并合理设置竞赛职业（工种），每年举办不少于30个职业（工种）的职业技能竞赛，相同的职业（工种）在两年内不重复举办市级竞赛活动。通过以赛促训、以训带赛的形式，让更多的职工在竞赛中提高技能水平，为技能人才脱颖而出提供展示平台。从2013年开始，该竞赛改为由北京市职工技术协会与北京市职业技能鉴定管理中心联合主办。2014年，为加大职工技协的社会影响力，将职工职业技能竞赛全部比赛冠名为"职工技协杯"赛。2011年

以来，北京市职工职业技能竞赛共组织开展了289项职业（工种）竞赛，覆盖职工数百万人，参赛职工约20万人，据统计共有8986名职工取得了技能等级资格证书，其中高级技师144名，技师660名，高级工2239名，中级工3658名，初级工2285名。

（二）积极参与开展北京市职业技能大赛（北京市人社局主办）

2012年，北京市人力资源和社会保障局、北京市总工会等14家部委联合组成竞赛组委会，举办北京市第三届职业技能大赛，北京市总工会承接了19个职业（工种）的比赛。2016年，北京市人力资源和社会保障局、北京市总工会等18家委、办、局联合举办北京市第四届职业技能大赛，北京市总工会负责其中的13个职业（工种）比赛的组织协调工作，报名参赛职工7658人。2020年，北京市人力资源和社会保障局会同市属委、办、局和群团组织，开展北京市第五届职业技能大赛暨全国第一届职业技能大赛北京选拔赛。市总工会主办市级行业职业技能竞赛保安员项目，由市职工技术协会、市保安服务行业工会联合会及北京保安协会共同承办。通过本届竞赛，共有31人取得国家职业资格等级证书，其中二级（保安管理师）证书12人、三级（高级保安员）证书19人。市总工会同时将本届竞赛活动纳入2020年北京市"职工技协杯"职业技能竞赛中，优秀选手在享受第五届职业技能大赛奖励政策的同时，决赛前三名选手由市职工技术协会颁发"北京市职工高级职业技术能手证书"，前十名选手直接纳入北京市职工技术协会技能人才库，给予相应的资金奖励，免费参加北京市职工技术协会举办的相应职业技能培训活动。

（三）踊跃参加国家级竞赛活动

为助力优秀技能人才到更高平台磨炼技艺、展示风采，北京市总工会积极承办国家级竞赛，选拔市级竞赛活动中脱颖而出的优秀选手参加各类国家级竞赛，并整合专家、场地等资源，开展选手集训活动等。2012年，选拔职工参加第四届全国职工职业技能大赛，取得团体总分排名第六的成绩。2014年，选拔职工参加全国第六届数控技能大赛，在全国范围内也获得了优异的成绩——团体第一名，获得单项第一名5人、第二名5人、第三名6人，全国五一劳动奖章3人，全国技术能手17人，是北京市参加全国数控技能大赛以来的最好成绩，受到全国数控领域的高度关注。2015年，承办第五届全国职工职业技能大赛两个职业（工种）的比赛，并组织优秀选手参赛，在加工中心操作工、数控机床装调维修工职业（工种）比赛中获得团体冠军，计算机程序设计员比赛中获得团体亚军。2018年，组织优秀选手参加第六届全国职工职业技能大赛，取得团体总分第二名的优异成绩，其中加工中心操作工获得团体第一名、数控机床装调维修工获得团体第二名，加工中心操作工3名选手分获第一、三、四名的佳绩。2018年，选拔职工参加第六届全国职工技能大赛，最终北京队取得了6个赛项团体总分第二名的好成绩，其中：数控加工中心操作工取得团体第一名，数控机床装调维修工取得团体第二名，钳工取得团体第四名，网络与信息安全管理员取得团体第七名，焊工取得团体第十名，砌筑工取得团体第十六名。个人方面，北京队荣获冠军一名，亚军一名，季军一名，6个赛项18名参赛队员中有13人进入前20名，8人进入前10名；7人的技能等级晋升为技师，1名晋升为高级技师。

（四）切实做好区域性技能竞赛

围绕京津冀协同发展国家战略与非首都功能产业疏解，统筹京津冀三地职工协同发展，北京市总工会联合津、冀两地工会开展京津冀职工职业技能大赛。竞赛原则上每年举办一届，每届涉及6个职业（工种），北京、天津、河北分别作为主办单位于2016年、2017年、2019年成功举办三届比赛。京津冀三地轮流办赛，并以竞赛为基础开展职工学习交流、创新成果展示等活动，极大地促进了三地职工的交流合作，提升了三地职工的技能水平，探索了三地人才协同发展的路子。

（五）广泛开展主题劳动竞赛

围绕生态环境建设、京津冀协同发展、城市副中心建设等首都重大战略部署、重点任务，每年开展市级示范性主题劳动竞赛项目，在全市职工中掀起了学技术、练本领、比技能、创一流的热潮，激发了职工参与首都重点工程建设的自豪感与积极性。2011年，按照《中华全国总工会2011—2015年劳动竞赛规划》的有关精神，下发《关于深入开展"当好主力军，建功'十二五'"劳动竞赛的通知》和《关于加强企业班组建设的意见》，对北京市"十二五"开局之年的劳动竞赛活动进行统一部署。全市各级工会组织积极响应，多家区县、局总公司工会召开劳动竞赛动员会并下发竞赛通知，在推进重点工程、提升职工素质、健全班组建设、节能降耗、创新增效、安全生产等方面，开展了扎实有效、务实创新的劳动竞赛活动，取得明显效果。围绕京津冀协同发展战略与城市副中心建设，2017年、2018年连续两年在城市副中心建设工程中开展了"当好主力军，建功副中心"主题劳动竞赛。由北京市总工会发起，北京城市副中心行政办公区工程建设办公室、北京城市建设研究发展促进会具体组织，该竞赛在推动重大项目建设的同时，推动首都职工掀起学技术、练本领、比技能、创一流的热潮。围绕京津冀协同发展战略，2017—2020年连续四年，由北京市总工会和北京市交通委共同发起京津冀交通一体化劳动竞赛（竞赛主题每年不同），总计参赛人数超过15万。围绕生态环境建设，2017年由北京市总工会发起，国网北京市电力公司具体承办，组织16个区域供电公司开展了以"建优质工程，助蓝天梦圆"为主题的"电能替代"劳动竞赛，参赛人数达4万人。

（六）深入开展高技能人才对外交流

积极拓展与发达国家和地区的交流合作，组织职工参与实施"走出去"战略和"一带一路"建设，以技能竞赛为平台，了解境外相关技术发展动态与行业技能标准，提升职工的国际视野，推动首都职工技能水平与世界一流水平接轨。每年组织高技能人才赴德、美等同行业高水平国家开展职工技能比赛，比赛涵盖焊接、汽车维修、工程测量等迎合重点产业方向、贴近生产实际的职业（工种），为高技能人才搭建了与先进制造业同行切磋、交流的平台。2015年、2017年、2019年举办中德职工焊接对抗赛，36名职工取得德国手工业协会颁发的DVS国际认证证书，该项目在2015

年获得北京市优秀因公出访成果。2018年举办中美职工工程测量对抗赛，获得团体第一、理论比赛第一和实操比赛优秀的佳绩。组织职工对台交流合作，开展京台职工厨艺交流赛、京台职工美发技艺交流赛、木工技艺交流，进一步加强两岸技艺交流，在提升员工职业技能素质等方面达成了共识。

四、深化助推服务项目建设

在不断完善职工素质提升、技能提升和创新成果转化应用体系建设的同时，北京市总工会深化职工助推服务项目，助力高精尖人才成长和激发职工创新创造，按照资金、政策向基层工会和一线职工倾斜的原则，共推出6项职工助推服务项目，激发职工创新创造的活力。

（一）在职职工职业发展助推

为深入贯彻《北京市国民经济和社会发展第十二个五年规划纲要》《首都中长期人才发展规划纲要（2010—2020年）》精神，切实落实《北京市"十二五"时期职工发展规划》，有效促进全市广大职工职业能力提升，北京市总工会自2013年起在全市范围开展"在职职工职业发展助推计划"。该项目是北京市总工会为满足广大职工的迫切需求，在科学调研的基础上，创新工会服务职工职业发展的新举措。通过推行这一普惠制、公益性的服务项目，可以更好地鼓励广大职工加强学习，提升能力。助推对象为北京市工会会员，范围主要包括四类职工：一是获得北京市职业技能鉴定管理中心颁发的国家一级（高级技师）、二级（技师）职业资格证书及部分职业（工种）的国家三级（高级工）职业资格证书；二是取得部分行业技能鉴定中心颁发的证书，如邮政、通信、电力行业等；三是北京市人力资源和社会保障局颁发的中级、高级社会工作者职业水平证书的在职职工；四是参加北京市"职工技协杯"职业技能竞赛获得不取证职业（工种）技能竞赛的决赛前十名选手或最高竞赛等级为复赛的前五名选手。助推标准为：一级2000元，二级1000元，三级800元。截至2022年5月，已为31493名取得技师、高级技师及部分职业（工种）高级工职业资格证书的职工发放助推金累计3817.4万元。

（二）名师带徒助推

为深化职工创新工作室创建活动，发挥高技能人才传帮带作用，北京市总工会自2015年起每年开展名师带徒活动。鼓励职工创新工作室领军人担任名师，从专业技术人员、技术工人中挑选徒弟，在平等自愿的基础上以协议书的形式确立师徒关系，协议时间至少1年，每年至少进行6次培训、现场指导等活动。

自2015年开始实施名师带徒助推项目，每年选拔、支持100对师徒。主要由市级职工创新工作室领军人作为师傅，每个师傅带2~4名徒弟，每对师徒资助2000元。截至目前，共建立500对师徒，累计发放名师带徒培训补贴100万元。

（三）市级（示范性）职工创新工作室认定助推

这一项目自2009年开始，择优评选出的以领军人姓名命名的职工创新工作室可获得工作室经费补助1万元/个。2018年12月，调整市级（示范性）职工创新工作室认定助推政策，加大对市级职工创新工作室的助推力度，调整为"择优评出的以领军人姓名命名的市级示范性创新工作室可获得创新项目助推经费5万元/个；市级职工创新工作室可获得创新项目助推经费3万元/个"，支持职工创新工作室日常创新活动的开展。截至2021年4月，共认定市级以上职工创新工作室683家（市级示范性创新工作室257家，市级职工创新工作室426家，这其中有11家被评为全国示范性劳模创新工作室）。

（四）创新项目助推

为深入贯彻《国务院办公厅关于发展众创空间推进大众创新创业的指导意见》和《北京市人民政府关于大力推进大众创业万众创新的实施意见》，激发本市一线职工参与岗位技术创新热情，促进职工创新成果转化，北京市总工会自2016年起，每年组织开展创新项目助推，主要针对职工创新工作室创新项目开展，分为年度创新项目助推和工匠助推。其中，年度创新项目助推针对市级以上职工创新工作室创新项目，分为10万元/个和5万元/个两个等次，资金由市总工会与基层工会1∶1分担，针对区、局、集团（公司）级创新工作室创新项目予以3万元/个助推，资金由市总工会与基层工会1∶2分担；工匠助推对象为以北京大工匠、提名人物为领军人或骨干成员的创新工作室创新项目，连续3年分别给予10万元/个和5万元/个助推。截至目前，共助推319个职工创新项目，投入资金995万元，撬动基层工会资金745万元。

(五)职工发明专利助推

为增强职工创新意识、提升职工创新能力,激励职工立足本职、岗位创新,营造"万众创新"的良好氛围,北京市总工会自2016年起,每年组织开展职工创新发明专利助推,对获得职务发明专利的一线职工进行资金助推,重点关注新一代信息技术、生物、新材料、高端制造业、生产性服务业及节能环保产业等符合首都产业发展方向的领域,每年不设数量限制,助推标准为3000元/个,市总工会与基层1∶1分担。截至目前,共有1076项发明专利获得助推,发放资金161.4万元,撬动基层工会资金161.4万元。

(六)首都职工自主创新成果评选

这一评选活动从2009年开始实施,每年评选60项,其中一等奖10项,二等奖20项,三等奖30项,为职工发放创新成果转化应用经费资助,标准为:一等奖3000元,二等奖2000元,三等奖1000元。2011—2020年共评出职工自主创新成果600项,发放助推经费100多万元。

第三节　展示劳动模范新风采

近年来,北京市总工会紧紧围绕中心工作,以劳模先进人物的评选表彰为契机,大力加强劳模精神传承载体建设,不断提高劳模服务管理水平,真心实意为劳模做好事解难事,为弘扬劳模精神、劳动精神、工匠精神作出了应有贡献。

一、做好劳模先进人物的推荐评选工作

认真贯彻落实中共中央、国务院、北京市委、市政府及全国总工会的工作要求，在劳模先进人物的推荐评选工作中，坚持服务首都大局，坚持群众路线，面向基层和一线；坚持公正、公开、公平的原则，充分发扬民主；严格履行各项程序，实行"一报告两审核三公示"制度。截至2020年，共推荐评选全国劳动模范和先进工作者94名，北京市劳动模范和先进工作者1153名；全国五一劳动奖状33个，全国五一劳动奖章129名，全国工人先锋号143个；首都劳动奖状262个，首都劳动奖章1261名，北京市工人先锋号498个。

围绕城市副中心、大兴国际机场和冬奥场馆建设三件大事，注重选树在首都建设政治中心、文化中心、科技创新中心等方面作出突出成绩的典型，特别是在科技创新人才、社会组织代表、北京市榜样等方面进行重点推荐。其中北京市劳模中推荐科技创新人员396名，全国劳模中推荐科技创新人员38名。

二、弘扬劳模精神，向全社会展示劳模形象

（一）建设劳模墙，制作劳模塑像和画像

北京市分别在北京明城墙遗址公园和北京奥林匹克森林公园建设了全国和市级劳模墙，1197名全国劳模和1952—2015年13

个批次11861名北京市劳动模范的姓名镌刻其上。劳模墙的建成，为首都增添了亮丽的城市景观，引起了广大市民和劳动模范的广泛关注，每天前来参观的游人络绎不绝，成为传承劳模精神、劳动精神、工匠精神的重要载体。与中央美术学院联合主办"为人民服务·为劳模造像"大型活动，中央美术学院200余名师生，为百名著名劳模塑像，为全国劳模画像，通过雕塑、油画、中国画、水彩、素描等艺术形式记录当代劳模的风采。

（二）编撰劳模大辞典，拍摄劳模微视频

通过查询劳模档案信息、北京市总工会志、北京地方志、全国总工会资料库、北京市档案馆资料，检索历史文献及新闻报道等多种渠道，面向基层工会广泛征集全国劳模素材，并通过社会征集、记者寻访等方式搜集查阅劳模相关素材，整理完成《北京市全国劳模大辞典（1950—2015）》。收录了中华人民共和国成立至2015年北京市共1197名全国劳模的个人信息和简要事迹。全书共60多万字，词条1190多个，是第一部系统、全面地记载北京市全国劳模情况的大型辞书，填补了北京市劳模工作、出版工作的一项空白。与《劳动午报》紧密配合，联合视频公司成立拍摄团队，共同完成了近百名劳模微视频的拍摄工作，并陆续播出。

（三）积极开展劳模建言献策工作

出台了《北京市总工会关于开展劳模建言献策工作的实施方案》，逐步建立了代表广泛、专业水平高、参政议政能力强的劳模建议人队伍。加强与市政府人民建议征集办公室的工作联系和沟通协调，将市总工会纳入人民建议征集网络单位，推荐了12名劳模作为市政府特邀建议人，提高了劳模建言献策整体水平。

（四）组织劳模参与重要社会活动

近年来，北京市总工会组织近3000人次劳模参加中央春节团拜会、国庆招待会、烈士纪念日献花、纪念抗战胜利70周年阅兵、庆祝改革开放40周年、中华人民共和国成立70周年、建党100周年等重大社会活动，以良好的风貌、严格的纪律得到各级领导的称赞，展示了劳模风采，体现了为劳模服务的工作宗旨。

三、多方协调资源，关心关爱劳模

（一）推进落实劳模积分落户加分政策

北京市总工会向市发改委提交了《关于在〈北京市积分落户管理办法（征求意见稿）〉中将"获得省部级以上劳动模范荣誉称号"作为积分加分项的建议函》，并进一步与市发改委、市人力社保局等相关部门接洽会商，制定实施细则，最终在《北京积分落户管理实施细则（试行）》中明确了获得省部级以上劳模的人员加20分，达到加分项最高分值。2018年首批落户人员中的31名劳模均获得了加分。

（二）协助落实劳模优先入住市属养老机构政策

北京市总工会积极与市民政局、市人力社保局等部门协调沟通,明确具有本市户籍,享受省部级以上劳模待遇的高龄(80岁以上)、失能劳模可优先入住市属养老机构。据统计,从2016年10月向社会发出《关于优待服务保障对象入住市属养老机构申请登记公告》以来,已有多名劳模入住市属养老机构。

(三)加大对劳模的帮扶力度

北京市总工会贯彻落实《国务院办公厅关于做好省部级以上劳模困难帮扶工作的通知》(国办发〔2015〕5号)精神,经与市财政局协商,从2016年起,将北京市劳模专项补助资金由原来的每年2000万元提高到每年3000万元,有效解决了劳模帮扶资金不足的问题。将首都医科大学附属北京康复医院作为全国劳模定点体检机构,专门设立了劳模健康管理中心,从设备到技术到人员都从劳模的需求出发,为劳模提供优质的服务。

四、加强劳模日常服务管理工作

(一)做好"三金"发放工作

北京市总工会修订了《北京市全国和市级劳模专项补助资金发放管理办法(试行)》,对专项资金的发放对象、资金用途、补助标准、申报与发放程序、监督管理等全流程环节进行了规范,按照专项管理、专款专用的原则,实行逐级申报、分级负责,充分发挥专项补助资金在困难劳模帮扶工作中的作用。五年来共发放全国劳模春节慰问金845.4万元,涉及4227人次;全国劳模生活困难补助金及特殊困难补助金2902.1万元，涉及1742人次。发放市级劳模春节慰问金592.6万元，涉及59260人次；生活困难补助金1933万元，涉及2411人次；特殊困难帮扶金2715.8万元，涉及6016人次。"三金"的发放，有效地缓解了劳模生活困难，在很大程度上解决了劳模的燃眉之急，真正起到了帮扶劳模的作用，更体现了党和政府对劳模的关心和关爱，受到了劳模的普遍赞誉。

（二）完善档案管理，做好服务工作

北京市总工会加强对北京劳模工作管理平台的数据进行梳理维护，近五年新认定劳模212名，转移档案2810份，接转劳模关系590人，开具劳模证明701份。完善平台体检和疗休养功能，建立劳模健康档案，实现对劳模体检和疗休养的动态查询和统计分析，五年来共组织近万人次劳模参加体检，组织劳模疗休养1万余人。

（三）搭建交流平台，推动劳模协会建设

充分发挥劳模协会的桥梁纽带作用，通过组建劳模合唱团、摄影俱乐部等形式，开展丰富的活动，促进劳模之间的沟通交流。五年来协会共组织各类活动70次，参与劳模2700人次，劳模合唱团还参加了中央团拜会的演出，受到党和国家领导人的好评。

第四节　团结引领首都职工建功立业新时代

2020年12月22日，北京市劳动模范、先进工作者和人民满意的公务员表彰大会召开，时任中共中央政治局委员、北京市委书记蔡奇在会上强调，全市广大劳动者坚持以习近平新时代中国特色社会主义思想为指导，全面贯彻党中央决策部署，落实市委、市政府工作要求，立足本职、拼搏奉献，奏响"咱们工人有力量"的主旋律，谱写新时代奋发有为的新篇章。在这次大会上，蔡奇就贯彻习近平总书记在全国劳模大会上的讲话，提出了具体要求。

一、深入学习贯彻习近平总书记重要讲话精神，切实增强责任感使命感紧迫感

习近平总书记的重要讲话立意高远、催人奋进，充分体现了对工人阶级和广大劳动者的深切关怀，是向全党全国各族人民发出的向第二个百年奋斗目标进军的动员令。我们要增强"四个意识"、坚定"四个自信"、做到"两个维护"，深入学习贯彻习近平总书记重要讲话精神，团结动员全市工人阶级和广大劳动群众，建功新时代、奋进新征程，不断开创首都各项事业新局面，为全面建设社会主义现代化国家作出应有贡献。

二、大力弘扬劳模精神、劳动精神、工匠精神，凝聚起推动首都新发展的强大精神力量

伟大时代呼唤伟大精神，崇高事业需要榜样引领。劳动模范和先进工作者是最先进生产力的代表，始终引领着一个时代的思想道德和价值取向。北京作为伟大社会主义祖国的首都，在革命、

建设和改革开放的各个时期，各行各业英雄辈出、群星灿烂，涌现出很多先进模范人物。从时传祥、张秉贵，到李素丽、王选，再到赵郁、贾立群，等等，一个个闪亮的名字，是劳模精神、劳动精神、工匠精神的生动体现，是鼓舞全市上下勇往前行的强大精神动力。全市广大劳动者要见贤思齐，用模范先进的崇高精神和高尚品格鞭策自己，不断焕发劳动热情、释放创造潜能，唱响"中国梦·劳动美"的主旋律，争做新时代的最美奋斗者。各级党委政府要尊重劳模、关爱劳模，努力为模范先进干事创业营造良好环境，推动更多劳动模范和先进工作者竞相涌现。要讲好劳模故事、劳动故事、工匠故事，充分发挥人民满意公务员价值标杆作用，引导广大干部群众自觉践行社会主义核心价值观，让勤奋做事、勤勉为人、勤劳致富在京华大地蔚然成风。

三、充分发挥工人阶级和劳动群众主力军作用，汇聚起全面建成社会主义现代化强国、实现第二个百年奋斗目标的创造伟力

人民是历史的创造者，工人阶级是坚持和发展中国特色社会主义的主力军。工人阶级和广大劳动群众始终是推动经济社会发展的中流砥柱和根本力量。北京这座城市今天的辉煌成就，正是几代劳动者接续奋斗的成果，浸透着首都职工群众的辛勤汗水、牺牲奉献。进入新发展阶段，贯彻新发展理念，落实首都城市战略定位，构建新发展格局，率先基本实现社会主义现代化，赋予了首都工人阶级和劳动群众新的历史使命。面对新形势新任务，

首都工人阶级和广大劳动群众要增强主人翁意识，发挥主力军作用，切实担负起新的时代重任。要加强政治理论学习，自觉用习近平新时代中国特色社会主义思想武装头脑，坚守理想信念，永葆阶级本色，坚定不移听党话、矢志不渝跟党走。要发扬工人阶级优良传统，坚持团结协作、互助友爱，加强工人阶级的团结、工人阶级同其他劳动群众的团结，齐心协力战胜前进道路上的各种困难，做党最坚实的依靠力量。要坚持实干为先、奋斗为要，主动把个人梦融入中国梦，把奋斗故事融入中国故事、北京故事，紧紧围绕加强首都"四个中心"功能建设、提高"四个服务"水平，在推动首都新发展中体现个人价值、成就光彩人生，创造无愧于时代的骄人业绩。要正确处理个人和集体、当前和长远、局部和整体的利益关系，自觉维护大局、服务大局，积极参与首都社会治理、精神文明创建等工作，带头维护首都和谐稳定的良好局面。

四、努力建设高素质劳动大军，培养造就更多"北京大工匠"

首都工人阶级和广大劳动群众，要坚持与时俱进，主动适应新形势对劳动者素质提出的新要求，牢固树立终身学习理念，及时掌握新的科学文化知识和专业技术知识，做勤学善思的知识型劳动者。要培育执着专注、精益求精、一丝不苟、追求卓越的职业素养，积极参加技术培训和岗位练兵、技能比武，在生产实践的大熔炉中掌握一手好技术、练就一身真本领，成为各行各业的行家里手和技术骨干。要崇尚创新精神、培养创新思维，适应新一轮科技革命和产业变革需要，瞄准数字经济、智能制造、战略性新兴产业、现代服务业等广阔领域，大胆创新、勇攀高峰。各区及有关部门，要把提高劳动者素质作为一项战略任务抓紧抓好，不断完善现代职业教育制度，创新各层次各类型职业教育模式，提升劳动者思想道德素质和科学文化素质，提高劳动能力和劳动水平。要提高技能人才待遇水平，激励更多劳动者特别是青年人走技能成才、技能报国之路。

五、实现好、维护好、发展好劳动者合法权益，让劳动者得实惠、享荣光

要始终坚持以人民为中心的发展思想，推动全社会崇尚劳动、热爱劳动，让每一位劳动者感到光荣、得到尊重。要把稳就业摆在更加突出的位置，健全工资合理增长机制，改善劳动安全卫生条件，构建多层次社会保障体系，提升广大劳动群众的获得感、幸福感、安全感。要采取多种措施增加劳动者收入，优化收入分配结构，扩大中等收入群体，推动共同富裕。让"幼有所育、学有所教、劳有所得、病有所医、老有所养、住有所居、弱有所扶"，让生活在这座城市的人感受到便利性、宜居性、安全性、公正性、多样性。要紧紧围绕"七有"目标和"五性"需求，以接诉即办为抓手，把劳动群众关心的一桩桩身边小事办好。充分发挥职工之家、职工暖心驿站等平台作用，使服务更贴近工人阶级和广大劳动群众的多样化需求。要适应新业态新模式的发展，完

善灵活就业人员劳动保护政策，维护好快递员、网约工、货车司机等就业群体合法权益。要进一步完善党政主导的维权服务机制，以更大力度、更实举措，推进劳动法律法规全面有效实施，解决好劳动群众最关心最直接最现实的利益问题，构建和谐劳动关系的首善之区。要多关心一线职工和农民工、困难职工的生产生活，解决好他们的实际困难。要继续深化劳动力市场改革，建立合理的人才评价机制，提高工匠群体社会地位，排除阻碍劳动者参与发展、分享发展成果的体制机制障碍。

"潮平两岸阔，风正一帆悬。"党的二十大擘画了以中国式现代化全面推进中华民族伟大复兴的宏伟蓝图，而要把宏伟蓝图变成美好现实，根本要靠包括工人阶级在内的全体人民的劳动、创造、奉献。要充分发挥工人阶级主力军作用，广泛深入持久开展各种形式的劳动和技能竞赛，大力弘扬劳模精神、劳动精神、工匠精神，夯实实现中国式现代化的技术技能基础，凝心聚力、团结动员广大职工为推进中国式现代化建功立业。

大力弘扬劳模精神、劳动精神、工匠精神，开展"劳模工匠进校园""劳模工匠助企行"等活动。构建线下线上结合的工匠学院建设体系，深化劳模和工匠人才创新工作室建设，强化职工创新成果展示交流和应用转化。建立完善关心关爱劳模工匠和技能人才的常态化机制，推动落实劳模工匠待遇，提升劳模工匠地位，让劳动光荣、技能宝贵、创造伟大在全社会蔚然成风。刚刚闭幕的中国工会第十八次全国代表大会上，又一次向全社会发出了大力弘扬劳模精神、劳动精神、工匠精神的最强音！